0~3岁全程育儿超简单实用全书

程玉秋 主编 | 高级育婴师、高级公共营养师
人力资源和社会保障部高级育婴师职业技能考评员

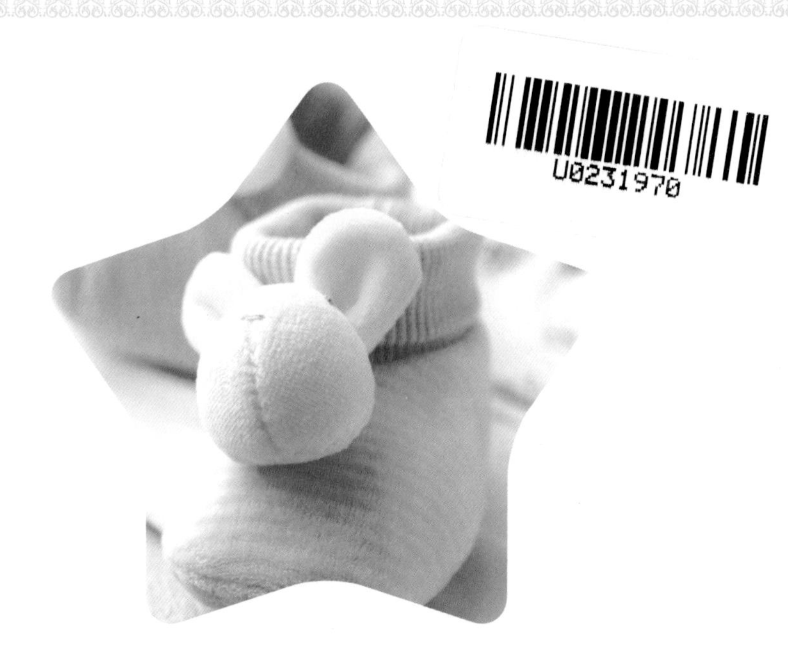

電子工業出版社
Publishing House of Electronics Industry
北京 · BEIJING

图书在版编目（CIP）数据

0～3岁全程育儿超简单实用全书 / 程玉秋主编 . —北京：电子工业出版社，2014.1

（悦然·亲亲小脚丫系列）

ISBN 978-7-121-21484-4

Ⅰ.①0… Ⅱ.①程… Ⅲ.①婴幼儿－哺育－基本知识 Ⅳ.①TS976.31

中国版本图书馆CIP数据核字（2013）第216201号

责任编辑：张　京　　　　文字编辑：施易含

印　　刷：北京千鹤印刷有限公司

装　　订：北京千鹤印刷有限公司

出版发行：电子工业出版社

北京市海淀区万寿路173信箱　邮编：100036

开　　本：720×1000　1/16　印张：13　字数：287千字　彩插：1

印　　次：2014年1月第1次印刷

定　　价：39.90元

凡所购买电子工业出版社图书有缺损问题，请向购买书店调换。若书店售缺，请与本社发行部联系，联系及邮购电话：（010）88254888。

质量投诉请发邮件至zlts@phei.com.cn，盗版侵权举报请发邮件到dbqq@phei.com.cn。

服务热线：（010）88258888。

亲爱的宝宝：

看你睡得如此香甜，妈妈的心里有好多话想对你说啊。想来想去，却不知从哪里开始了，那就想哪说哪吧！

亲爱的宝贝，感谢上天让你选择了我做你的妈妈，给我带来了从未体验过的惊喜和希望，燃起我心中的母性。从此后，妈妈的肩上也多了一份责任，在妈妈的人生中，不仅有了你爸爸，而且有了你，其乐融融，我已经不再是我自己的了。

想起你出生时的样子，真的永远难以忘怀。瘦弱的你，出生时就像一个小老头子，紧闭的眼睛，小小的鼻子，往妈妈怀里找奶吃的神情……爸爸看你那小不点的样子，想抱你都不知道从何下手，把你捧在掌心里，让我想起了一个成语："掌上明珠"。哈哈，你确实是爸爸妈妈的"掌上明珠"，爸爸妈妈给你再多的爱也不够啊。从这以后，我真正成为妈妈啦。

妈妈坐完月子，你已经变得红扑扑、粉嫩嫩的了，活脱脱一个小人儿，可爱极了。一种无法言语的满足充满了我的心胸。从那时起，妈妈下定决心，要为你而活，为了你的健康成长，为了你能聪明、有活力，妈妈再累、再辛苦都不怕。

宝宝，你满月后的那四五个月里，你的每一次哭闹、每一声欢笑都牵动着我的心，爸爸看着你一天天长大，喜在心中，巴不得你马上就会走、会跑。记得你满百日的那天，爸爸给你照了很多的相片，每当妈妈看到这些照片，心中不免洋溢着无比的成就感。

每天，妈妈都在你熟睡的闲暇里登录博客，在博客里记录下你的成长点滴，让所有人都见证你的成长，记录妈妈的心迹。等你长大了，打开妈妈的博客，你会看到这里记录了你的许多第一次：当你第一次用小手紧紧抓着妈妈的手，当你第一次学会爬（刚开始你倒着爬，爸爸还以为你跟别的宝宝发育不一样呢），当你第一次撒开爸爸妈妈的手学着走路，当你第一次开口发出模糊的“妈妈”这个音，当你第一次自己拿着勺子吃饭，当你试图搬起妈妈买的大西瓜，当你一次次笑容绽放……妈妈都还记得。当你长大了问起这些照片中的情形时，妈妈会像放电影似的告诉你这些在妈妈眼中最为珍贵的片段。

不知不觉中，亲爱的宝宝就要满1周岁了，妈妈该给你过一个什么样的生日呢？请来妈妈所有的闺蜜，还有姥姥、姥爷、舅舅……前几天，你姥姥、姥爷也打来电话询问，并一再叮嘱妈妈说：宝贝马上要过第一个生日啦，一定要好好庆祝庆祝，毕竟是个值得纪念的日子。不管怎样，妈妈希望你过一个快乐的生日，希望你的童年充满阳光和欢声笑语，做最快乐的宝宝。

亲爱的宝宝，做父母确实不容易啊。你大哭不止时，妈妈以为你肚子不舒服，或是怕你感冒了；你出汗时，妈妈怕你热坏了；你吃饭太少时，妈妈又怕你营养摄入不够；你撒娇时，妈妈又怕惯着你，对你太严肃了，又怕伤着你幼小的心灵。不过，只要你健康、聪明地成长，妈妈就很满足了。记得有一天，爸爸对我说：“这孩子脾气太倔了，长大了会是什么样？”妈妈说：“那都是20年后的事了，你总不能让孩子按你设定的轨道来成长吧？”爸爸直点头……

亲爱的宝宝，现在你已经蹒跚学步了，会叫“爷爷”，会说“谢谢”，爸爸上班时，你会招手说“再见”了，还会把东西分给其他的宝宝吃……妈妈很高兴看到你的成长。虽然你常常也会撒娇，妈妈喜欢你撒娇，因为你是妈妈的贴身小棉袄。妈妈希望你健康快乐地成长。有时你会耍点小脾气，这也是你的可爱之处，但不要因为别人稍微不顺你的心意就大发脾气哦。

咱们家虽然在城市，妈妈不能经常给你在小河边嬉戏那样自在的乡间生活，但妈妈会尽最大的努力给你快乐，虽然咱们家的经济条件不太富裕，但妈妈会尽力为你创造最好的学习条件。不过，你要学会独立，学会吃苦，学会学习。总而言之，希望你能成为智力、体格、情商都全面发展的好宝宝。

希望你能够健康快乐地成长，这是爸爸妈妈最大的心愿！

永远爱你的妈妈

2013年4月8日

目录 CONTENTS

第1章 走进育儿之门：只有适应，才能做对

第2章 让人爱不释手的小生命：新生儿的健康养育

第3章 小生命总能给人无限惊喜：2 ~ 12 个月的宝宝养育

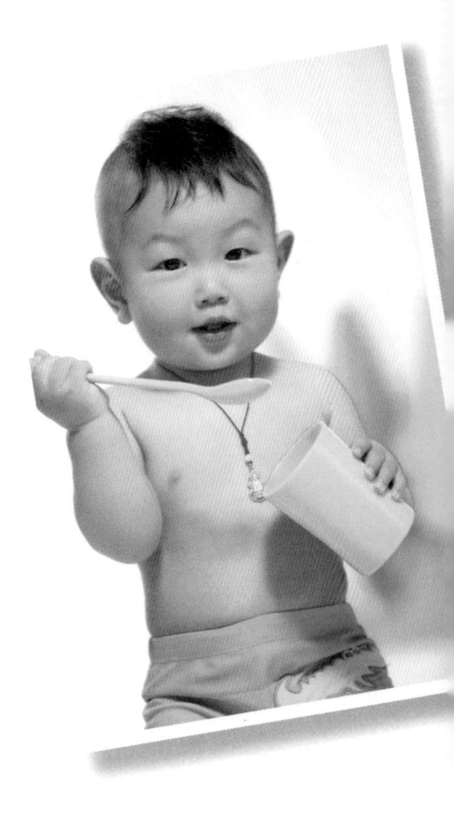

第4章 帮助宝宝迈出人生第一步：1~2岁宝宝的健康养育

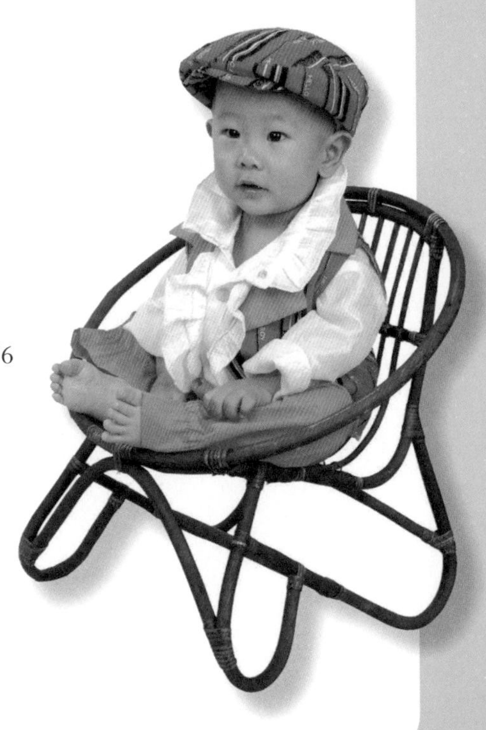

第5章 塑造宝宝个性的关键期：2～3岁宝宝的健康养育

大树之歌

一颗小小的种子，
在合适的条件下大口地吸吮着雨水，
贪婪地晒着太阳，
慢慢长成一棵挺拔的大树。
这颗种子就是刚刚呱呱坠地的宝贝。

作为父母，要学的、要做的，
就是养育这个可爱的小精灵。
为他／她顺应宝宝自然成长的环境，
激发宝宝内在的自然天赋。
看着怀抱中的小小可人儿，
慢慢长成能跑会跳、有思想、有感情的个体，
为人父母者在体会这个奇妙无比的过程的同时，
也会觉得很自豪。

本书采用最科学、最全面、最实用、
最前沿的育儿理念，
深入解析宝宝成长的各个阶段，
手把手教你培养出健康聪明、
活泼可爱的宝宝！

自测你的“妈妈商”

“妈妈商”不是指妈妈的智商，也不是指妈妈的情商，它代表的是做妈妈的潜质，“妈妈商”越高，做好妈妈的潜质越高。

1. 当你见宝宝在反复地做同一个游戏或玩一个玩具时，你会：

A. 用其他玩具转移宝宝的注意力，使宝宝停止这种行为。

B. 询问宝宝到底想干什么，然后帮助宝宝完成。

C. 尽量不打扰宝宝，让他尽可能自己单独操作。

2. 3 岁的芳芳在妈妈的帮助下，终于把散落一地的玩具收拾到玩具箱里了。如果你是芳芳的妈妈，会怎样称赞她呢？

A. 芳芳会把玩具收拾起来了，家里变得真整齐！

B. 芳芳真能干！

C. 你真是个好宝宝，是妈妈的好帮手！

3. 快 2 岁的壮壮最近喜欢玩弄家里的门把手，反复转来转去。但门把手很贵，反复转易被拧坏，如果你是壮壮的爸爸妈妈，你会？

A. 制止壮壮的行为，如果他继续拧，就严厉批评。

B. 把门把手固定住，不让他继续拧。

C. 给壮壮提供各种可以拧的东西，并允许他继续玩弄门把手。

D. 壮壮喜欢门把手，应该拆下来给他玩。

4. 2 岁的欢欢做完一件事情后，总会不停地讲给妈妈听。他剥了一个橘子，会跑过来用不顺畅的语言反复对妈妈说：“皮，剥，橘子……”这时，你正在看经典韩剧。换成你，会怎么做？

A. 微笑对他说：“过一会儿再说好吗？妈妈正忙着呢。”

B. 一边看电视一边听他讲，偶尔用“真棒”回应一下。

C. 会停止看电视，专心与他交流。

5. 要给 2 个月以内的宝宝床前挂玩具，挂在什么位置合适？

A. 挂在床的两侧（小床两边宝宝能看到的地方）。

B. 挂在宝宝头部的正上方。

C. 挂在床尾正上方。

6. 对于教育宝宝的起始时间，你最赞同下面的哪句话？

A. 从宝宝上学开始教育就不晚，到时多报些学习班就行。

B. 从 3 岁开始，3 岁之前宝宝不懂事，教育了也白搭。

C. 从出生或刚孕育就开始，让宝宝赢在起跑线上。

7. 佩佩爸爸因为工作需要，常年奔波在外，一年回不了几次家。虽然佩佩很小，才 6 个月，佩佩爸爸认为，“佩佩妈一直在家，家务事还有保姆帮忙，我很放心，宝宝最需要的是妈妈，我在不在身边无所谓。”你赞同佩佩爸爸的看法吗？

A. 赞同。

B. 不赞同。

8. 2 岁多的玲玲已经能独立用勺子吃饭了，全家人为此高兴。但有一天，玲玲不再像以前那样用勺把饭直接送进自己的嘴里，而是将饭粒全部撒到桌子上，然后用手捡饭粒吃。玲玲的爸爸妈妈感觉玲玲的这种表现太不正常了。你怎么看？

A. 这是一种退步，可能是用餐习惯还没有养成。

B. 很正常，见到这种行为我们应该高兴。

C. 不用大惊小怪，别往心里去。

D. 宝宝也许吃饭时根本不饿，只是无意地玩玩而已。

9. 庆庆妈妈给庆庆定了一条规矩：吃东西的时候不准说话。可是在吃晚饭时，庆庆爸爸一直在和庆庆妈妈讨论明天谁去接庆庆。请问这对父母的行为在庆庆的心目中正在损毁着做父母的什么？

A. 礼貌性。

B. 示范性。

C. 权威性。

D. 友善性。

10. 在养育宝宝的过程中，你最同意下面的哪些说法？

A. “和宝宝一起玩游戏时，一个简单的动作，他反反复复老是做不好，挺让人着急的，干脆我帮他做好了，让他照着样子做。”

B. “我们夫妻工作都很忙，平时真没时间跟宝宝玩，虽然也偶尔和她玩几次，但当时也看不出她的能力有明显的提升，就放弃了。”

C. “宝宝喜欢玩的东西太脏，像沙子这类的，帮他打扫卫生太麻烦，所以不喜欢给他玩这类的游戏……”

D. 以上说法都不同意。

参考答案：1. A　2. A　3. C　4. C　5. A　6. C　7. B　8. D　9. C　10. D

0~3 岁宝宝的生长发育表

年龄 / 性别		体重（千克）	身高（厘米）	头围（厘米）	胸围（厘米）	发育特点
出生	男	2.9~3.8	48.2~52.8	31.8~36.3	30.9~36.1	刚出生的宝宝，皮肤红红的、凉凉的，头发湿湿地贴着头皮，小手握得很紧，哭声响亮，头部相对较大。在喂养方面，吃完奶后，常常会出现吐奶的情况
	女	2.7~3.6	47.7~52.0	30.9~36.1	29.3~35.0	
1月	男	3.6~5.0	521~57.0	35.4~40.2	33.7~40.2	宝宝开始有规律地吃奶，因此生长速度非常快，随着宝宝进入第 4 周，宝宝的运动能力有了很大的发展。宝宝现在非常可爱，圆鼓鼓的小脸，粉嫩的皮肤
	女	3.4~4.5	51.2~55.8	34.7~39.5	32.9~40.1	
2月	男	4.3~6.0	55.5~60.7	37.0~42.2	36.2~43.4	2 个月的宝宝日常生活开始规律化，也形成了固定的吃奶时间。作为家长的你，要定时给宝宝做抚触和被动操，经常抱宝宝到户外活动
	女	4.0~5.4	54.4~59.2	36.2~41.0	35.1~42.3	
3月	男	5.0~6.9	58.5~63.7	38.2~43.4	37.4~45.0	3 个月的宝宝日常生活更有规律，做操基本可以很好配合
	女	4.7~6.2	57.1~59.5	37.4~42.0	36.5~42.7	
4月	男	5.7~7.6	61.0~66.4	39.6~44.4	38.3~46.3	4 个月的宝宝，头围和胸围大致相等，比出生时长高 10 厘米以上，体重为出生时的 2 倍左右。俯卧时宝宝上身完全抬起，与床垂直；腿能抬高去踢衣被及吊起的玩具
	女	5.3~6.9	59.4~64.5	38.5~46.3	37.3~44.9	
5月	男	6.3~8.2	62.3~68.6	40.4~45.2	39.2~46.8	5 个月的宝宝，在饮食方面，开始为断奶做准备了；在亲子互动方面，能够认识妈妈及亲近的人，并与他们应答
	女	5.8~7.5	61.5~66.7	39.4~44.2	38.1~45.7	
6月	男	6.9~8.8	65.1~70.5	41.3~46.5	39.7~48.1	6 个月的宝宝，体格进一步发育，神经系统日趋成熟。在喂养方面，宝宝差不多已经开始长乳牙了，可以添加肉泥、猪肝泥等辅食
	女	6.3~8.1	63.3~68.6	40.4~45.2	38.9~46.9	
7月	男	7.4~9.3	66.7~72.1	42.0~47.0	40.7~49.1	宝宝头部的生长速度减慢，腿部和躯干生长速度加快，行动姿势也会发生很大变化。随着肌肉张力改善，孩子的体形变得更加直立
	女	6.8~8.6	64.8~70.2	40.7~46.0	39.7~47.7	

续

年龄 / 性别		体重（千克）	身高（厘米）	头围（厘米）	胸围（厘米）	发育特点
8月	男	7.8～9.8	68.3～73.6	42.4～47.6	40.7～49.1	婴儿在8个月后逐渐向儿童期过渡，此时的营养非常重要，否则会影响成年身高。8个月的宝宝一般能爬行了
	女	7.2～9.1	66.4～71.8	41.2～46.3	39.7～47.7	
9月	男	8.2～10.2	69.7～75.0	43.0～48.0	41.6～49.6	9个月的宝宝头部生长速度减慢，腿部和躯干生长速度加快，行动姿势也会发生很大变化。随着肌肉张力的改善，将形成更高、更瘦、更强壮的外表
	女	7.6～9.5	67.7～73.2	42.1～46.9	40.4～48.4	
10月	男	8.6～10.6	71.0～76.3	43.5～49.0	41.6～49.6	不要强迫宝宝吃不喜欢的食物，逐渐将辅食变为主食。此时，婴儿的身体动作变得越来越敏捷，能很快地将身体转向有声音的地方，并可以爬着走
	女	7.9～9.9	69.0～74.5	42.1～46.9	40.4～48.4	
11月	男	8.9～11.0	76.2～77.6	43.7～48.9	42.2～50.2	此阶段宝宝的辅食开始变成主食，应该保证宝宝摄入充足的动物蛋白，辅食要少放盐、糖。还要开始锻炼宝宝克服怕生现象
	女	8.2～10.3	70.3～75.8	42.5～47.8	41.1～49.1	
1岁	男	9.1～11.3	73.4～78.8	43.8～48.9	42.2～50.2	1岁宝宝刚刚断奶或者没有完全断奶，宝宝度过了婴儿期，进入了幼儿期。 幼儿无论在体格和神经发育或是在心理和智能发育上，都出现了新的发展
	女	8.5～10.6	71.5～77.1	42.6～47.8	41.1～49.1	
15月	男	9.9～12.0	76.6～82.3	44.2～49.4	43.1～51.1	2岁是宝宝成长过程中的一个新里程碑，宝宝开始有自己的思维、个性和自主行为
	女	9.1～11.3	74.8～80.7	43.2～48.4	42.1～49.1	
18月	男	10.3～12.7	79.4～85.4	44.8～50.0	43.8～51.8	
	女	9.7～12.0	77.9～84.0	43.8～48.6	42.7～50.7	
21月	男	10.8～13.3	81.9～88.4	45.2～50.4	44.4～52.4	
	女	10.2～12.6	80.6～87.0	44.3～49.1	43.3～51.3	
2岁	男	11.2～14.0	84.3～91.0	45.6～50.8	45.4～53.4	
	女	10.6～13.2	83.3～89.8	44.8～49.6	44.2～52.2	
2.5岁	男	12.1～15.3	88.9～95.8	46.2～51.4	46.2～54.2	到3岁时，婴儿脑重已接近成人脑重的范围，以后的发育速度就变慢了。而身体已经非常结实了，对疾病的抵抗能力也有了很大程度的提高
	女	11.7～14.7	87.9～94.7	45.3～50.1	45.1～53.1	
3岁	男	13.0～16.4	91.1～98.7	46.5～51.7	46.7～55.1	
	女	12.6～16.1	90.2～98.1	45.7～50.5	45.8～53.8	

体检时间表

体检次数和体检时间	宝宝体格发育的特点	
第 1 次体检 宝宝出生后 42 天进行	视力	能注视较大的物体，双眼很容易追随手电筒光的方向
	肢体	其小胳膊、小腿总是喜欢呈屈曲状态，两只小手握着拳
	微量元素	6 个月以内的宝宝，每日需要钙 600 毫克，而其从母乳或奶粉中只能摄取 300 毫克左右
	维生素	宝宝从出生后第 21 天就可开始服用维生素 AD 制剂，早产儿要提前到出生 14 天左右，宝宝出生后就可以抱出去晒太阳，促进钙的吸收
第 2 次体检 宝宝满 3 个月时进行	动作发育	能支撑住自己的头部。俯卧时，能把头抬起并和肩胛成 90 度。扶立时，两腿能支撑身体
	视力	双眼可追随运动的笔杆，而且头部亦随之转动
	听力	听到声音时，会表现出注意倾听的表情，人们跟他谈话时会试图转向谈话者
	口腔	宝宝的唾液腺正在发育，经常有口水流出嘴外
	血液	4 个月的宝宝从母体带来的微量元素铁已经消耗掉，如果日常食物不注意铁的摄入，就容易出现贫血。要给宝宝多吃含铁丰富的食品，但一般不需要服用铁制剂药物
	微量元素	继续补钙和维生素 D，而且要添加新鲜菜汁、果泥等补充容易缺乏的维生素 D
第 3 次体检 宝宝满 6 个月时进行	动作发育	已经会翻身，会坐，但还坐不太稳。会伸手拿自己想要的东西，并塞入自己口中，可以做一些拨、拉的动作
	视力	身体能随头和眼转动，对鲜艳的目标和玩具，可注视约半分钟。需进行眼科检查
	认知	对人有了分辨的能力，开始出现“认生”的现象，并有分离焦虑
	听力	注意并环视寻找新的声音来源，能转向发出声音的地方
	牙齿	6 个月的宝宝有些可能长了 2 颗牙，有些还没长牙，要多给宝宝一些稍硬的固体食物，促进牙齿生长。由于出牙的刺激，唾液分泌增多，流口水现象会继续并加重，有些宝宝会出现咬乳头现象
	血液	6 个月后，由母体得来的造血物质基本用尽。若补充不及时，易贫血。对贫血应尽早发现，早纠正
	骨骼	6 个月以后的宝宝，对钙的需求量越来越大。缺钙会让宝宝夜间睡眠不稳，多汗，枕秃等

续

体检次数和体检时间		宝宝体格发育的特点
第 4 次体检 宝宝满 9 个月时进行	动作发育	能够坐得很稳，能由卧位坐起而后再躺下，能够灵活地前后爬，扶着栏杆能站立。双手会灵活地敲积木。拇指和食指能协调地拿起小物件。能够对一些简单用语做出适应性动作，如听到“再见”就摇手等
	视力	能注视画面上单一的线条，视力约为 0.1
	认知	能听懂简单字词，知道自己的名字，从模仿发单音字开始，有了物质永恒的概念，会找出当面隐藏起来的玩具，能认识几天至几十天前的事物
	牙齿	宝宝乳牙的萌出时间，大部分在 6~10 个月时，宝宝乳牙颗数的计算公式为：月龄减去 4~6。此时要注意保护牙齿
	骨骼	每天让宝宝外出进行户外活动，促使皮肤制造维生素 D，同时还应继续服用钙片和维生素 AD 制剂
	微量元素	检查宝宝体内的微量元素含量，此时易缺钙、锌。缺锌的宝宝一般食欲不好，免疫力低下，易生病
第 5 次体检 宝宝满 1 周岁时进行	动作发育	宝宝能自己站起来，能扶着东西行走，能手足并用爬台阶，能用蜡笔在纸上戳出点点或道道
	视力	可拿着父母的手指指鼻、头发或眼睛，大多会抚弄玩具或注视近物，会用棍子够玩具
	认知	初步建立时间、空间等因果关系。如看见奶瓶会等待吃奶，看见妈妈倒水入盆会等待洗澡，喜欢扔东西让大人捡。穿衣时已能简单区分。喜欢探究一些新鲜的东西，如有洞的、能发声的物品，易出现意外伤害
	听力	喊他（她）时能转身或抬头
	牙齿	按公式计算，应出 4~6 颗牙齿。乳牙萌出时间最晚不应超过 1 周岁。如果宝宝出牙过晚或出牙顺序颠倒，就要寻找原因
第 6 次体检 宝宝满 18 个月时进行	动作发育	能够独立行走，会倒退走，但不会突然止步，有时还会摔倒。能扶着栏杆一级一级上台阶，下台阶时，就往后爬或用臀部着地坐下。会搭 2 层积木，能模仿用笔乱涂画，通过引导可以串大孔串珠
	大小便	能够控制大便，在白天也能控制小便。如果尿湿了裤子，也会主动示意
	认知	能用手指出想要的东西，能听懂大多数日常用语，会说 20~50 个词，不会用代词
	视力	此时应注意保护宝宝的视力，尽量不让宝宝看电视，避免斜视
	听力	会听懂简单的活，并按你的要求做
	血液	宝宝须检查血红蛋白，看是否贫血

续

体检次数和体检时间	宝宝体格发育的特点	
第 7 次体检 宝宝满 2 周岁时进行	动作发育	能走得很稳，还能跑，能够自己单独上下楼梯。能把小珠子串起来，会用蜡笔在纸上画圆圈和直线
	认知	会对任一目标扔球，能对大人的指示有所反应，能搭 5~6 块积木，能用语言表示喜好和不快，注意力可集中 8~10 分钟。会有苦恼和忌妒情绪。白天能够控制大小便
	牙齿	20 颗乳牙大多已出齐，此时要注意保护牙齿
	听力	大约掌握了 300 个词汇，会说简单的句子。如果宝宝到 2 岁仍不能流利说话，要到医院去作听力检查
第 8 次体检 宝宝满 30 个月时进行	动作发育	能随意控制身体的平衡，会跑、踢球等。能用勺子自己吃饭，会折纸、捏彩泥
	认知	能准确识别圆、方、三角、半圆等形状，说出自己的名字，能搭 8 块积木，会画直线，能自己吃饭，几乎不撒落，注意力可集中 10 分钟以上
	牙齿	20 颗乳牙已出齐，上下各 10 颗，能进食全固体食物
	语言	能说完整句子，会唱简单的歌
第 9 次体检 宝宝满 3 周岁时进行，多为入园体检	认知	能看图识物体并说出来，能一页一页地翻书，背诵简单词句，可辨别 3 种以上颜色，4 个以上图形，听懂 800~1000 个词，能理解故事中的大部分内容，开始与小朋友互动交流，能自己解开纽扣，能再认几个月前的事物，会发脾气，开始出现逆反心理，认识性别差异
	动作发育	能随意控制身体平衡，完成蹦跳、踢球、越障碍、走 S 线等动作，能用剪刀、筷子、勺子，会折纸、捏彩泥。会左右脚交替上楼梯，能蹬三轮车
	视力	宝宝到 3 岁时，视力达到 0.5，已达到与成人近似的精确程度。此时宝宝应进行一次视力检查，预防弱视
	牙齿	医生会检查是否有龋齿，牙龈是否有炎症

注：各地现在已经普遍设立了儿童保健卡，在 1~3 岁之间为宝宝进行 9 次体检。如果在养育宝宝的过程中有什么疑惑或担心，可以拨打所在区或地段妇幼保健所的电话，以对宝宝的营养保健获得及时的指导，及早发现疾病，对症治疗。

0～3 岁宝宝需要接种的计划内疫苗

宝宝出生了，新妈妈一定要明白预防免疫接种对宝宝来说是至关重要的事情，千万不要因自己的一时疏忽而出现漏打、错打的现象。同时，自作主张地为宝宝减免一些疫苗的注射也是万万不可的。宝宝接种疫苗需要遵循一定的原则，根据宝宝的身体情况进行接种，这是接种疫苗的总原则。

0～3 岁宝宝需要接种的计划内疫苗

接种时间	疫苗名称	次数	可预防的传染病
出生 24 小时内	乙肝疫苗	第一针	乙型病毒性肝炎
	卡介苗	初种	结核病
出生 1 个月	乙肝疫苗	第二针	乙型病毒性肝炎
出生 2 个月	脊髓灰质炎糖丸	第一针	脊髓灰质炎（小儿麻痹）
出生 3 个月	脊髓灰质炎糖丸	第二针	脊髓灰质炎（小儿麻痹）
	无细胞百白破疫苗	第一针	百日咳、白喉、破伤风
出生 4 个月	脊髓灰质炎糖丸	第三针	脊髓灰质炎（小儿麻痹）
	无细胞百白破疫苗	第二针	百日咳、白喉、破伤风
出生 5 个月	无细胞百白破疫苗	第三针	百日咳、白喉、破伤风
出生 6 个月	乙肝疫苗	第三针	乙型病毒性肝炎
	A 群流脑疫苗	第一针	流行性脑脊髓膜炎
出生 8 个月	麻风疫苗	第一针	麻疹、风疹
出生 9 个月	A 群流脑疫苗	第二针	流行性脑脊髓膜炎
1 周岁	乙脑减毒活疫苗	第一针	流行性乙型脑炎
1.5 周岁	甲肝疫苗	第一次	甲型病毒性肝炎
	无细胞百白破疫苗	第四次	百日咳、白喉、破伤风
	麻风腮疫苗	第一次	麻疹、风疹、腮腺炎
2 周岁	乙脑减毒疫苗	第二次	流行性乙型脑炎
3 周岁	甲肝疫苗（与前剂间隔 6～12 个月）	第二次	甲型病毒性肝炎
	A+C 流脑疫苗	加强	流行性脑脊髓膜炎

专家强调，宝宝进行疫苗接种的时间不可以提前，但可以适当延后。这是因为每一种疫苗都有自己特定的免疫程序，为保证疫苗的免疫效果，不能提前接种。但是，如果宝宝遇特殊情况确实不能按时进行接种，可略将接种时间移后。

0～3 岁宝宝需要接种的计划外疫苗

计划外疫苗属于自费疫苗。家长可以根据宝宝自身情况及自身的经济状况决定。如果选择注射计划外疫苗应在不影响计划内疫苗的情况下进行选择性注射。

❀ 流感疫苗

对 7 个月以上、抵抗疾病能力差的宝宝，一旦流感流行，容易患病并诱发旧病，家长应考虑接种。

❀ 肺炎疫苗

肺炎是由多种细菌、病毒等微生物引起，单靠某种疫苗预防效果有限，一般健康的宝宝不主张选用。但体弱多病的宝宝，应该考虑选用。

❀ 轮状病毒疫苗

轮状病毒是 3 个月至 2 岁宝宝病毒性腹泻最常见的原因。接种轮状病毒疫苗能避免宝宝严重腹泻。

❀ 狂犬病疫苗

发病后的死亡率几乎百分之百，还没有一种有效的治疗狂犬病的方法，凡被病兽或带毒动物咬伤或抓伤后，应立即注射狂犬疫苗。若被严重咬伤，如伤口在头面部或全身多部位咬伤、深度咬伤等，应联合用抗狂犬病毒血清。

宝宝出生后，要及时接种计划内疫苗，计划外疫苗要视宝宝的具体情况而定。

走进育儿之门：只有适应，才能做对

首先还是要恭喜那些刚刚从 20 岁、30 岁的大宝宝荣升为父母的人们。做了爸爸妈妈的你们，喜悦与幸福之情自然溢于言表。与此同时，你们缺乏育儿经验，在欢喜的同时，切记身上背负的育儿重任。毕竟，要养育好一个襁褓中的宝宝可不是一件容易的事情。首先，你最需要做的，就是走近你的宝宝，了解你的宝宝。

树立科学的育儿观

“哇”的一声，宝宝终于降生了！母亲十月的艰辛，在这一刻得到了彻底的升华，让躺在产床上的妈妈不禁掩面而泣。宝宝的这一声啼哭，让母亲的胸中突然升腾起一股从未有的感觉，那就是对宝宝的爱。这一声啼哭，也让父亲明白了自己的责任。

新手爸妈的角色转换

“80后”的新手爸妈远比上一代要更重视宝宝的早期教育，希望对宝宝进行精心科学的养护和教育，使宝宝的身体更强壮，心智更健康，使宝宝从小就赢在起跑线上，让自己的宝宝更加出色。

母爱的重要性

一个妈妈首次看到新生的宝宝时，总是本能地想伸手抱他。这是世界上最自然的反应了，它和亲子依恋关系的其他层面一样，都满足了宝宝某些特定的需求。

宝宝出生时，爱不仅是情绪上的必需品，更是生理上不可或缺的条件。缺乏了爱，以及缺乏伴随爱而来的抚摸和拥抱，无须奢谈宝宝的茁壮成长。即使是一丝关怀，也能在缺爱的宝宝身上创造奇迹。研究者在宝宝刚出生的几周内，经常将其隔离在妇产科的加护病房里，这些病房的高科技设备可以满足宝宝的任何需求，只是不能提供给他们爱和拥抱。研究发现，体重不足的宝宝的发育速度比一般宝宝来得慢，智力发育也相对落后。亲子依恋关系把母亲和宝宝结合在一起时，不仅让了解及关爱宝宝的人获得更多力量，也让宝宝得到更多有助于情绪及智力发展的刺激。

激发你心中潜藏的母爱

对刚出世的宝宝来说，除了吃奶的物质需要，再也没有比母爱更珍贵、更重要的精神营养了。母爱是无与伦比的营养素，这不仅是因为宝宝从子宫内来到这个大千世界感觉到了许多东西，更重要的是在心理上已经懂得母爱，并能用哭声与微笑来传递他的内心感受。

宝宝最喜欢的是妈妈温柔的声音和笑脸，当妈妈轻呼宝宝的名字时，宝宝就会转过脸来看妈妈，好像一见如故。这是因为宝宝在妈妈子宫内时就听惯了妈妈的声音，尤其是把他抱在怀中，抚摸着他并轻声呼唤着逗引他时，他就会很理解似的对你微笑。宝宝越早学会“逗笑”就越聪明。这一动作，是宝宝的视、听、触觉与运动系统建立了神经网络联系的综合过程，也是条件反射建立的标志。

新生儿能分辨妈妈的气味，喜欢和妈妈在一起，喜欢闻母乳的香味。妈妈特有的气味会使宝宝感到安全、满足。新生儿出生后，尽量不要让其离开母亲，经常由母亲抱在怀里，让他有肌肤上的接触感；在听觉上有母亲的一些声音，如母亲的说话声、心跳音；嗅觉上有母亲的特殊体味、乳汁气味等。当宝宝醒着时，用录音机放胎教音乐，让他听到在宫内已听过几个月而深感熟悉与亲切的音乐。

当妈妈给宝宝喂奶，宝宝含着乳头开始吸吮时，他会反射性地睁开两眼凝视着妈妈的脸。当母亲怀抱宝宝与他对视时，宝宝也享受到了视觉接触的快乐。妈妈在喂奶时，应保持俯视的姿势，让宝宝能看到自己慈祥的脸。这样，新生儿很快会记住妈妈的笑脸。

通过母亲哺乳，宝宝能够从母亲那里得到精神上和身体上的满足，在母亲提高声调向宝宝讲话时，宝宝看到母亲脸部表情和嘴唇的动作，似乎也用同样微妙的动作，特别是四肢的动作来进行应答。这种感情感应是语言发展的最初阶段，与引导和促进将来的认知能力有联系。

对于刚出世的宝宝，除了吃奶的物质需要，再也没有比母爱更珍贵、更重要的精神营养了。

育儿小提醒，宝宝大健康

给宝宝必要的刺激

作为宝宝人生最初的发育时期，接受到的刺激越多，获得的经验就越多，对其以后发育影响就越大。而且其影响不一定在刺激或经历后会立即出现，很多是在很久以后才开始产生明显影响的。因此，在发育初期，宝宝需要几种必要的刺激，做父母的应当注意给予帮助。

做父母是一门很专业的学问

当下，“80 后”的新爸妈们，可能正在因刚出生的小家伙而手忙脚乱、不知所措，也有不少的“90 后”父母加入了进来。即便使尽了浑身解数，还是“剪不断，理还乱”。其实，做父母也是一门很专业的学问。

压在新手爸妈肩上的育儿重任

有人说，“做父母是一件很专业化的事情，因为它关系到宝宝一生的健康和幸福”。的确是这样，3 岁前可以说决定了宝宝的一生。如果缺乏应有的培养、教导与锻炼，会影响宝宝正常的生长发育与身心健康。如有的宝宝到了该走路的年龄，还停留在爬行的阶段；到了该说话叫“爸爸妈妈”的时候，还总是“嗯嗯、啊啊”，发音不清；到了该自己吃饭的年龄，还不知道怎么把饭菜送进嘴里；到了该自己解决排便的时候，还不知道怎么拉下裤子……所有这些都与爸爸妈妈的育儿方式、方法密切相关。

养育宝宝的日子是非常幸福而艰辛的，从宝宝呱呱坠地，嗷嗷待哺，到宝宝的抬头、坐立、翻身、学爬、学会走路，乃至吃喝拉撒等，都需要爸爸妈妈的全方位照护，容不得丝毫的懈怠，否则，可能导致宝宝生病和影响大脑的发育。

新手父母要树立什么样的育儿态度

育儿是父母应尽的责任和义务，不妨将这个过程当作一种创造性的欢乐。在获得创造性成果或完成一件有趣味的创造时，人们总会从心理上感受到欢乐，育儿就是这样。当眼看子女在自己的关心照顾下一天天成长起来，必然会感到愉快和欢乐，并从中体验到育儿工作的意义。

人们对自己子女未来期望的心情虽然是不难理解的，但是期望并不等于现实，它带有许多未知的因素，有点像做梦一样。妊娠时的母亲，开始时就是怀着梦一样的期望，憧憬着自己宝宝的音容笑貌。怀抱宝宝的父母对宝宝的未来也都寄予梦想一般的希望。正是这种希望激起了他们强烈的育儿之心。

但是，父母对宝宝的未来不可期望过高，不可脱离实际，要求宝宝达到其力所不能及的程度。既不宠爱，又不放手不管，努力为其发挥主观能动性创造条件，这才是正确的育儿态度。否则，容易导致对宝宝过于照顾、宠爱或不适当干涉，这不但不利于宝宝自主能力的发挥，而且会成为宝宝的精神负担。

选择最适合的育儿方针

担负养育宝宝责任的人自然是父母双亲，而不是爷爷奶奶。如果爷爷奶奶与宝宝的父母同居，当然要首先倾听老人的经验之谈。然而，爷爷奶奶和年轻的爸爸妈妈毕

竟是两个时代的人，所以育儿方针也会有所差异。因此，最好开个家庭会议，商量一下家庭育儿方针。

家庭不同，其育儿方法、对宝宝的教育等也会大不相同。

一般，爷爷奶奶总是过分地溺爱宝宝，因此往往容易使宝宝变成易撒娇的娇气包。说好听点，就是用宽容精神养育的结果。比如宝宝哭了，赶紧给他所要的东西；宝宝一提什么要求，马上照办，等等。而宝宝呢，习惯于此，慢慢就倒向爷爷奶奶一边，变得骄蛮任性。

作为父母，必须从大处来看待宝宝的所作所为，要不断给宝宝指出所做的事情是好是坏，哪些可以、哪些不可以等。与此同时，父母还要能适当倾听宝宝的要求，适当让宝宝自由发展。表面看来似乎是娇宠宝宝，实际上如此做却能培养出遵守社会秩序、具有独立思考能力、和善而又出色的人才。

爷爷奶奶对宝宝过于溺爱，使得宝宝养成娇气、刁蛮、任性的性格。

最近，严格的育儿方法少了起来。但是，正如俗话所说的“3 岁看到老”那样，要尊重宝宝的个性，从小严格教养宝宝，肯定可以培养出一个具有超群能力的、出色的人才。但是，不要以为严格教养宝宝，就是要经常用命令式的口气，这样的“严格”教育，则往往容易因不能满足宝宝的正当要求而使宝宝性格变得古怪，有的宝宝以后会变成反抗型、攻击型和情绪不发达型的人。

当然，各个家庭可以有其自己的教育风格。但成员较多的大家庭，大家应该时常谈谈对培养宝宝的看法。不能忘记，养育宝宝的责任与义务在于父母，别人只能帮忙，当然也应该帮忙。然而，周围的人不能过多地指点，否则反而会帮倒忙，打乱宝宝父母原有的育儿方针。比如，当妈妈严厉要求宝宝时，其他人也要相应地配合。假如妈妈严厉，其他人却采取纵容的态度，那么，不但无法教育好宝宝，还会导致妈妈的孤立，甚至成为家里的敌人。

家庭成员不协调，育儿方针不统一，则宝宝的个性也会不协调。例如，爸爸妈妈想严厉些，而爷爷奶奶却反对如此，一味纵容，则宝宝会变得骄纵，并倒向爷爷奶奶一边。长此以往，宝宝就会对爸爸妈妈不好，从小学会敷衍大人的一套把戏，从而变成一个表里不一、阳奉阴违的人，而且很可能终身如此。

育儿与工作两不误并不难

大多数职业女性当了妈妈以后，总会对宝宝抱有歉意。不过，充分表达爱意比与宝宝在一起更重要。职业女性该怎样育儿？如何才能既照顾宝宝，又不耽误工作呢？

没有人天生就会做父母

新手父母该如何轻松育儿，让宝宝快乐、健康地成长呢？

没有哪个父母天生就是育儿的天才，也并不是宝宝出生了就懂得教育宝宝。缺乏经验的爸爸妈妈面对宝宝时，往往一脸茫然，不知从何处下手，结果总是累得满头大汗，可小家伙还在“哇哇”地“抗议”着爸爸妈妈的表现。

很多初为人父母者，缺乏育儿经验，本来想照顾宝宝，只要给宝宝吃饱喝足，照顾其冷暖，不让宝宝生病了就好，没想到宝宝一哭，就毛手毛脚了。

其实，对于育儿，新手爸妈的父母就有着丰富的经验，他们把自己的儿女养育成人，对养育宝宝的过程中最容易遇到的问题和应对的方法，知道的要比新手父母多得多。只是从某种角度来说，新手爸妈更注重宝宝智力的发展；而祖父母则更注重宝宝道德品行的培养。新手爸妈要将理智的爱贯彻到养育宝宝的全过程中，深入了解宝宝，进入宝宝的内心世界，了解宝宝的生理发育规律，关注宝宝成长的每一个细节，选择最科学有效的教育方式，从而培养出健康、聪明、快乐的宝宝！

对宝宝的智力开发是不是越早越好呢？一些父母认为，宝宝刚出生，什么也不懂，这时进行智力开发没有什么效果。这是不正确的。著名生理学家巴甫洛夫有句名言：“从宝宝降生第三天开始教育，就迟了两天。”最好是从宝宝一出生就开始着手智力教育。

不少爸妈工作忙碌，有的妈妈产假一结束，就又投入工作，顾不上对宝宝的智能培养，这在很大程度上会影响宝宝的健康成长。因此，忙碌的爸爸妈妈要忙中偷闲，细心照顾自己的宝宝。例如，在与宝宝相处时，跟他说“小可爱，知道吗，我是妈妈！妈妈给你吃奶噢，妈妈的奶水很香噢！”爸爸妈妈可以再亲吻与抚摸一下宝宝的小手、小脸蛋等，宝宝对这些做法有他的感受，心里美滋滋的呢。

宝宝的情感智能同样需要爸爸妈妈的开发，研究表明，那些早期就进行情感智能培养的宝宝，要比较少或没有进行情感智能开发的宝宝活泼可爱得多。因此，平时爸爸妈妈要重视宝宝的情感智能开发，如对宝宝多做各种表情，注意宝宝的反应。对能使宝宝产生反应的智力与表情，不妨多重复几次，好让宝宝记住什么样的表情代表什么样的情感。一周岁以内的宝宝，可以对其多做抚触，刺激宝宝的触觉情感等。

如果你是一位职业妈妈

有了宝宝以后的生活更需要白领妈妈的收入来支撑，白天工作，晚上回家才能见到小宝贝，这是所有职场妈妈难以改变的事实。职业女性当了妈妈后，自然比丈夫更加忙碌，如何兼顾工作和家庭呢？

要表现充分的爱意

如果宝宝得不到充分的爱抚的话，容易出现语言或行为障碍、缺乏注意力等现象。当宝宝总是抱着不安和焦急的心情，或即使表现了也无人接受的时候，就经常会出现这样的现象。尤其是当爸爸妈妈因为单位工作太忙而无暇照看的时候，这些现象表现得更加突出。因此，即使只有短暂的时间，也要利用与宝宝在一起的机会，通过皮肤接触和愉快的游戏等，表现出浓浓的爱意。

夫妻共同承担育儿的责任

丈夫的帮助不但能使家务活变得更加容易，而且对妻子来说也是莫大的安慰。因此，丈夫应经常关心妻子，主动询问妻子累不累，需要什么帮助等，表现出对家务活和育儿等问题的积极姿态。

对宝宝不必总是心怀歉意

即使因为不能很好地照看宝宝而心疼，也要表现出对自己从事的工作充满自信和喜悦，使宝宝安定。妈妈总是对宝宝表示歉意，宝宝非但不能理解妈妈，反而会因为妈妈不在自己身边而更加哭闹。

不要寄希望于物质补偿

双薪家庭特别要注意的是不要寄希望于对宝宝的物质补偿，如给宝宝买玩具或衣服等，来弥补因为不能经常与宝宝在一起而产生的歉意。其实，只要妈妈一有时间，就对宝宝表现出浓浓的母爱，一起做宝宝喜欢的事情等，就足够了。

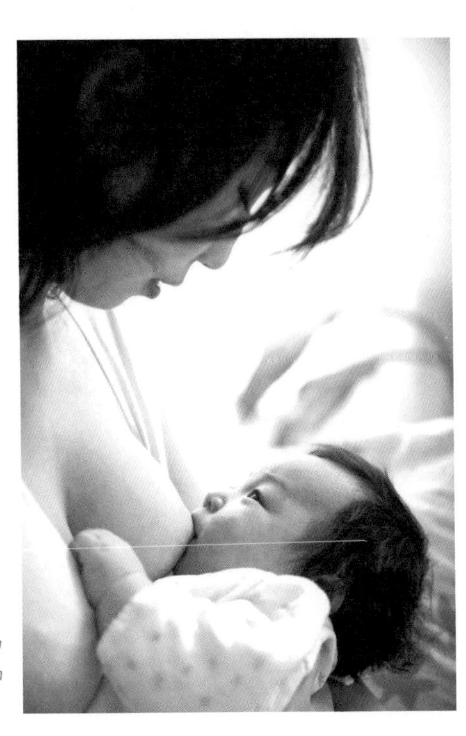

即使只有短暂的时间，也要利用与宝宝在一起的机会，通过皮肤接触和愉快的游戏等，表现出浓浓的爱意。

在工作与育儿间寻找平衡点

“我爱人是军人，今年因工作需要调到宜昌，三四个月才回家一次，带孩子的事就落到我一个人身上了。而我是一名小学教师，教两个班的数学，平时工作很忙。孩子现在 5 岁，每天去幼儿园总是最早的，接放学总是最晚的。孩子总抱怨‘爸爸不陪我玩’，但我现在工作、家庭两边的压力很大，为此十分苦恼。觉得自己时间、精力有限，根本无法兼顾两头，就有了辞职的想法，想一心一意带孩子。”

很多父母都有像剑剑妈妈这样的苦恼——既要养育宝宝，又要照顾家庭，还要忙忙碌碌地工作，真是分身乏术了。职场妈妈如何才能工作、育儿两不误呢？

职场妈妈的育儿困扰

❀ 找不到他人来替代自己育儿

职场妈妈的一个困扰就在于育儿的问题。每天早上出门上班，总要硬下心肠将哭着的宝宝推开，妈妈心里也很无奈。特别是在宝宝生病时，更会内疚地认为是由于自己照顾不周而让宝宝受苦。

❀ 奔波于公司与家庭间而感到身心疲惫

将注意力集中在公司的业务上，家中就会一团糟；而将重心放在育儿上，公司的事情又办不好，没有哪个妈妈是超人，大多数都会感到精力不足。

❀ 没有属于自己的时间

养育宝宝、上班，真正属于自己的时间几乎没有了。白天忙忙碌碌地上班，回到家后还要给宝宝收拾残局、喂奶，全弄妥当后已夜深人静了。日复一日，似乎生完宝宝后就没有属于自己的时间了。

❀ 对做个贤妻良母感到无能为力

职场妈妈有时会因自己的无力感而生气上火。职场妈妈也想像全职主妇那样花时间对宝宝进行早期教育，也想给老公多做点好吃的饭菜，但由于时间所限，职场妈妈似乎对任何事情都做不到位，并为此感到无能为力。

❀ 终日忙忙碌碌也没攒下钱

虽然辛苦地上班，但却没攒下什么钱。养育宝宝的费用确实不菲，再加上两人都要上班，日常支出确实很大。心中有种忙来忙去都瞎忙活的感觉。

职场妈妈的优势大剖析

上班挣钱虽然很累，但同时也具备了不少优势。很多职场妈妈尽管心中困扰多多，但最终还是选择了做职场妈妈。她们希望在职场中寻找一种怎样的成就感呢？

❀ 做职场妈妈，享受多彩人生

曾经的职场女性因为养儿育女而辞去了工作，或休产假在家，开始的一两个月会过得很愉快。摆脱了忙碌繁杂的工作，享受着从未享受到的清闲，会觉得家庭主妇的日子很有滋味。但是育儿中的辛苦也是不可忽视的。日复一日地照顾宝宝、打理家务，让许多妈妈感到厌倦。“我的梦想哪儿去了？”“难道我就这样在家中老去吗？”出现这样的想法时，妈妈们觉得，还是做个职场妈妈更好。

❀ 这是个偏向职业女性的世界

虽然育儿并非简单的事，但不会有人因为一个妈妈在家中养育宝宝而得到特别的尊重。令人遗憾的是，许多人都把养育宝宝当成“天经地义”的事，认为育儿其实并不是什么了不起的事。社会更重视职业女性，而不是全职的家庭主妇。凭借着职业女性的身份，便有借口推脱一些家中琐事，也算是一种优势吧。

❀ 做职场妈妈，实现自我

无论如何，上班能增加许多社会体验，接触到更多的人，跳出家庭束缚后，会对这个世界的运转多一些了解。投身职场的好处之一就是可以不断地实现自我。

❀ 两人一起工作总比一个人工作强

虽说是两个人挣钱，但不等于要挣丈夫双倍的工资。即使妻子的收入有限，总比丈夫独自一人挣钱养家要好。事实上，很多家庭主妇也会做一些兼职。只靠丈夫工作养家来支付不断增长的教育经费和育儿支出是件很不容易的事。虽然上班后增加的支出项目也不少，但是两个人一起挣钱养家比一个人工作更好些。

育儿小提醒，宝宝大健康

给职场妈妈支个招

充满自信的妈妈才能养育好宝宝。妈妈对工作和育儿的态度会影响宝宝的成长发育。如果妈妈整天待在家中照顾宝宝，也很容易厌倦，育儿的效果往往不如职场妈妈。但是，如果上班族妈妈过度劳累，或是对自己的工作不满意，缺乏自信，那么也无法稳定宝宝的情绪。宝宝喜欢有自信心的妈妈，而且妈妈的自信心也能影响宝宝情商的发育。

带宝宝去妈妈工作的地方。宝宝能听懂话后，应该向其认真地解释妈妈工作的原因，让宝宝充分理解。可以带宝宝去妈妈工作的地方，让宝宝看看妈妈工作的样子。在上班期间，应该按时给宝宝打电话，对宝宝说“妈妈一直在想你”之类的话，表达妈妈对宝宝的爱。

利用有限的时间多陪陪宝宝。在处理日常事务时，必须从重要的事情做起，尽量腾出时间陪宝宝。要合理分配时间，制订陪宝宝做游戏的时间，然后严格遵守约定。在育儿过程中，培养母子之间的感情是需要一定时间的。

职场妈妈的育儿小窍门

在短暂的亲子时间里，如何有效地养育宝宝，培养与宝宝之间的亲情，是职场妈妈的当务之急。

❀ 把握细小的时间

当职场妈妈因为工作而与宝宝相处的时间不足时，职场妈妈要善于把握细小的时间。比如，可以利用网上购物节省时间。用网上银行或手机银行等办理业务代替去银行排队等待，充分利用这样的方法节省时间。另外，要尽量减少日常事务占用的时间，如选择不必熨烫的免烫服装等。

你可以像做游戏一样和宝宝一起做家务。如在清理地板时，可以让宝宝配合着将地板上的玩具抢先放入箱子里；制作方便宝宝使用的抹布，与宝宝一起进行“除尘游戏”，这样，既能做家务，又和宝宝一起愉快地游戏了，一举多得。

需要买的东西尽量一次性买齐。集中一次性购物，平时记录下需要购买的物品。把购物浪费的时间省出来，用来陪宝宝。

❀ 训练宝宝接受妈妈白天上班

离开不愿和妈妈分开的宝宝去上班，对许多妈妈来说简直就像一场战争。很多妈妈为避免宝宝纠缠而偷偷离开，这是绝对禁止的。宝宝会认为妈妈抛弃自己了，整天找妈妈，心神不宁、注意力不集中，再见到妈妈更是一刻也离不开了。妈妈应让宝宝学会接受妈妈上班和自己分开是必须的事情。宝宝如果能听得懂话，就用简单的语言来解释与妈妈分开的状况，上班前看着宝宝的眼睛进行对话，并通过亲吻拥抱表达妈妈的爱意。

肌肤之亲很重要。上班前和宝宝亲密接触，对他和你一天的心情都很有好处。用手指轻刮宝宝脸颊，在其腋下或背部挠几下等，使宝宝体会到乐趣。肌肤之亲是让宝宝感觉到母爱的最佳途径。

育儿小提醒，宝宝大健康

站在宝宝的角度考虑问题

很多爸爸和妈妈只是考虑自己的立场，但如果不站在宝宝的角度考虑问题，往往会造成不良的后果。父母必须正确地判断，托儿所或保姆等是否能给宝宝充分的关爱，是否能够真心、细致地照顾宝宝。宝宝在出生后的5年内，性格会逐渐定型，即使是刚出生的宝宝，也能通过各种方式表达自己的感情，所以当宝宝的心智逐渐成熟时，父母必须洞察宝宝的需求。

在宝宝养育的过程中，最重要的就是关爱。这些关爱会成为宝宝信赖别人的基础。只有得到关爱的宝宝才会形成健康的性格。父母必须充满爱心。

科学育儿需要爸爸的参与

成功育儿需要爸爸的参与和呵护，才能发挥最大的效果。虽然宝宝在早期会很自然地与妈妈比较亲近，但爸爸仍是不可或缺的。有了爸爸的支持，母亲才能将全部精力放在宝宝身上。

爸爸的育儿功劳不可替代

与宝宝关系亲密的妈妈常会觉得："宝宝太需要我了，我连洗个澡的时间都没有。"爸爸的工作就是要照顾妈妈，这样妈妈才会有力气照顾宝宝。

有的妈妈感慨地说："我的宝宝特别磨人，如果不是有我丈夫帮忙，我可能都活不下来。"

就拿喂母乳来说，这是爸爸唯一做不到的事。但是爸爸对于妈妈的支持与鼓励，就等于爸爸在间接地帮忙喂奶。一位爸爸自豪地告诉别的妈妈："我不能喂奶，但我能创造出让妻子舒服的喂奶环境。"而有了快乐的妈妈，才会有快乐的宝宝。

在照顾宝宝的过程中，父亲不只是个支持者，或是妈妈不在时的替身，爸爸对于宝宝的成长是有独特贡献的。宝宝不会更爱爸爸，或更爱妈妈，而是以不同的方式爱着爸爸妈妈。没有什么比成为有责任感的爸爸更能让男人成熟的了。

育儿不只是女人的事情，也是男人的事情，爸爸要把育儿当成自己的事情，不是有了妻子照顾就行了，爸爸要减轻妈妈的育儿压力。

别做“甩手掌柜”

虽说越来越多的爸爸也认识到自己在育儿中的地位，然而真正身体力行起来，能将育儿大任落到实处的爸爸们却有点屈指可数了。很多爸爸摆出了各种各样的理由和苦衷，加上不知从何入手，于是，育儿仍是妈妈的专利，做爸爸的在育儿上仍然处于被动的地位，有的则干脆当起了“甩手掌柜”。

“甩手掌柜”式的爸爸往往存在一些认识误区，最常见的有以下几种表现：

❀“我工作太忙，顾不上宝宝”

这是最理直气壮的说法。而爸爸在育儿过程中的参与、所需投入的时间并非最主要的因素。

许多时候，养育宝宝并不需要做爸爸的投入太多的时间，如性别角色示范、对家庭责任的担当等，本身就是一种潜移默化的影响，最需要的是爸爸恰当的参与方式，可以“四两拨千斤”。只要爸爸有这个意识，即使爸爸再忙，也可以做到力所能及地参与。

❀“我文化层次低，不知道该怎么教宝宝”

有的爸爸自身受教育程度低，认为自己浅薄的知识难以帮助宝宝的成长，于是索性“撒手旁观”。

殊不知，宝宝的教养包括智力开发、健康养育、习惯养成、社会性发展等方面的教育。知识的传授是一种育儿行为，带宝宝在碧绿的草地上奔跑、让宝宝骑在爸爸的脖子上感受更高处的视野，这些看似“零知识含量”的行为，也是重要的育儿参与方式。

❀“宝宝不缺人带，也不差我一个”

爸爸的育儿角色并非可有可无，要知道，宝宝在成长过程中，还有着艰巨的社会化任务，如学习规则、积聚探索外界的力量、建立性别认同、学习与异性相处等。在此过程中，爸爸的角色是不可替代的。

做爸爸的不仅会直接影响宝宝的性别社会化，还有更深层次的影响，爸爸作为男性，许多育儿方式可以给宝宝不一样的体验，让宝宝的成长获得充足的能量，这是妈妈不可替代的。

❀“我和宝宝妈有个约定，我负责赚钱养家，她负责照顾宝宝”

育儿无细节，很多是分不清边界的。如宝宝的营养、照护可以明确地由妈妈负责，而涉及宝宝的心理发育、育儿氛围的创建等内容，是需要爸爸来配合的，靠妈妈独立支撑可能就孤掌难鸣了，甚至可能把家里搞得乌烟瘴气，那就是做爸爸的失职了。

尽自己所能做一名称职的父亲

1 如果你想成为一名称职的父亲，从一开始就要介入到抚养宝宝的角色当中。在妇产医院时，如果你还不知道如何正确抱宝宝，就应赶快向儿科医生或是护士请教，如果妻子还在剖宫产手术后的恢复期中，那么在宝宝出生后的头几天里，你就要为宝宝换尿布和穿衣服。

2 在家里，爸爸需继续承担为宝宝洗澡等职责，让妻子能更好地休息；宝宝喜欢看到同样的面孔，每天和他一起戏耍是使你和宝宝之间建立感情最快的途径；给他洗澡、饭后帮他打嗝、拥他入怀或为他换尿布，这一切对于宝宝都非常重要。

3 产后的前几周，妻子会感到非常疲惫，还得用母乳喂养宝宝。直到她能下地活动，爸爸要做到持家有方，而不是总去打扰她休息。

4 如果宝宝已经习惯了规律喂奶，最好可以帮助妻子用奶瓶喂养，即使妻子采用母乳喂养也没关系。妻子可以先挤出奶，这样你也能承担喂养宝宝的责任。

5 阅读有关育儿的书籍。只要有时间，不妨阅读一些关育儿书籍，加深对宝宝的理解。

6 你可以用自己的方法给宝宝穿衣服，与宝宝聊天，和宝宝一起玩耍。因为，父亲和母亲承担着不同的角色，发挥着不同的作用。

7 照料妻子时要善于与她沟通。有些妻子非常关心宝宝，以至于忘记了丈夫也需要关心宝宝，你应该温和地向妻子说，关心宝宝对你来说也同样重要，让她明白你也能处理好宝宝的日常琐事。

8 如果你平时上班，早晨就要在床上抱抱宝宝，晚上尽量能与宝宝一起玩上半小时。如果你平时没有太多时间与宝宝在一起，那么周末就显得非常重要了。

9 共同商议家务和育儿。常与妻子一起商议家务和育儿等相关问题和共同解决的方法等。这样还能加强夫妻之间的信赖。

10 对符合宝宝月龄的育儿信息、玩具、游戏等表现出关心的态度，阅读与此相关的书籍或资料等。这样，就会对育儿产生新的认识，从而更积极地参与其中。

育儿小提醒，宝宝大健康

爸爸参与育儿，也是对妻子的爱的体现

育儿是父母共同的责任，所以爸爸理应积极地参与到育儿中来。对妈妈来说，很多妈妈既要忙工作，还要照顾宝宝，会比之前更加忙碌。所以丈夫要主动帮妻子分担家务。要表现出对家务活和育儿的积极姿态，如帮宝宝换尿布、洗澡、喂牛奶、消毒奶瓶等，这些事情都可以由丈夫来做。有时间的话，丈夫还可以和妻子一起读一些育儿方面的书籍，加深对宝宝的了解，丈夫的帮助不但能使家务变得更加从容，而且对刚刚分娩过后的妻子或是刚出生的宝宝来说，都是爱意的表现，会增进夫妻与父子之间的感情。

四类典型父亲的育儿方案

做爸爸的在明确了自己的育儿责任后，可以根据自身的知识、能力结构和时间安排等因素选择合适的育儿介入方式。下面列举几种方案，希望能对爸爸们有所帮助。

❀ 工作繁忙的爸爸

这类爸爸通常忙个不停，刚做爸爸的他们很想多留出点时间陪陪宝宝，与宝宝一起玩乐，可动不动就要出差，难得跟宝宝相处。在缺乏育儿时间的情况下，可采取如下方式拉近跟宝宝的距离：

经常跟宝宝电话交流，如果还有时间，在出差回来时可给宝宝带点他喜欢的礼物。条件允许的话，还可和妈妈带宝宝一起出差。

适当拍些工作的照片给宝宝看，让宝宝了解爸爸的职业，认识爸爸对这个家庭的付出和责任，尤其是对宝宝来说，这种做法尤其重要，因为爸爸的角色承担对宝宝今后的家庭责任感影响深远。

在家时，即使没有多少时间陪宝宝，也要多一些身体接触，抱抱宝宝、跟宝宝“骑大马”、尽可能地回应宝宝的需求，从而深入宝宝的内心，达到与之沟通的目的。

❀ 熟谙电脑使用的爸爸

这类爸爸能轻松地找到可靠的网络育儿资源，爸爸不妨为宝宝下载各种视听育儿素材，包括音频和视频等；利用网络资源咨询育儿过程中的各种问题，如发现宝宝的健康出现了一点小问题，可以直接上网查询相关知识，解决困惑。

❀ 知识丰富的爸爸

这类爸爸非常注重汲取育儿知识，善于把握宝宝的心理，引导宝宝的兴趣和开发宝宝的兴趣。这类爸爸有着先进的育儿理念，对宝宝的异常行为善于解读和处理，如宝宝突然变得爱尿裤子了，是宝宝性心理发展的可能等。

❀ 爱好运动的爸爸

这类爸爸动手能力强，爱运动，玩起来很有创意，很容易成为受欢迎的“宝宝王”。他们很善于发展宝宝的动手能力。而手指关联着大脑，动手能力的发展对宝宝的智力开发意义巨大。这类爸爸还可给宝宝一些“抛起来”的游戏体验，让宝宝玩得非常刺激。

创造和谐的家庭情感气氛

家庭的情感气氛决定着父母对宝宝的态度和宝宝在家庭内部关系中的地位。从有宝宝开始就要把营造家庭的情感气氛提到家庭计划的重要日程上。

营造家庭情感气氛的重要性

当家庭内建立了健康的情感气氛时，父母之间美好及和谐的情感对宝宝的健康和顺利成长是有益的，也是必需的，能够塑造宝宝优良的品德；反之，则不利于宝宝健康成长和健全人格的形成，容易产生心理行为问题。

营造家庭情感气氛的决定因素

夫妻关系是否和谐是家庭中最关键的因素。

和谐的家庭情感气氛表现为：夫妻双方个性特征之间能够相互补充，彼此不断地加深认识、相互理解和接纳，情感逐渐成熟并且深化，彼此具有家庭责任感等。

和谐的家庭情感气氛对养育宝宝的作用

和谐的家庭情感气氛可以保证夫妻养育宝宝立场的一致性、灵活性和预见性。在此家庭里，宝宝的成长成为夫妻共同关心和探索的重要内容，会不断地发觉宝宝成长的过程和心理变化，能够不断地调整自己的行为和教育方法。

和谐的家庭情感气氛为宝宝的成长提供温暖、安全的情感环境，宝宝能够轻松和愉快地成长，特别是宝宝会按着自己的感觉去体验、去探索，这是宝宝心理健康发展的推动力。

家庭环境在宝宝的性格形成中有特别重要的作用，俗称“家庭是制造宝宝性格的工厂”。

做父母，先考量一下自己

这个测试会引导新手父母更好地理解成为父母角色的责任和育儿必备的技能。仔细思量，写出你的答案，从中真实地考量你是谁以及你所处的生活状态，了解你为养育宝宝需要做出哪些改变。

❖ 问题：你是否愿意花时间与宝宝相处？

回答：____________________

分析：不管你的答案如何，都预测不出你对宝宝会有什么感觉，但考虑这个问题，能透露出你对与宝宝一起生活的设想和态度。

❖ 你最想和多大的宝宝在一起？多大的宝宝对你最有吸引力？

回答：____________________

分析：如果你不愿意和某个特别年龄段的宝宝相处，或许暗示你在童年时存在着某些需要解决的问题。此外，养育宝宝是一个持久的过程，父母不能只在宝宝“好玩”的时候才养育宝宝。

❖ 你认为父母的责任和义务是什么？

回答：____________________

分析：这个问题有助于爸爸妈妈反思对育儿的要求，以及是否能适应这些要求。

❖ 你如何应对压力？

回答：____________________

分析：爸爸妈妈的压力水平会影响自身做个好父母的能力。如果感觉自己不能很好地处理这些压力，现在就学习如何应对吧。

❖ 你对父母的角色期望如何？当你满足不了这些期望时怎么办？

回答：____________________

分析：育儿过程中，不可能时刻都充满甜蜜的拥抱和欢声笑语，难免出现艰苦时光和失望，你的宝宝也可能和你期待的不一样。

❖ 你有哪些担心？如果遇上这样的情况怎么办？

回答：____________________

分析：养育宝宝是一项重大的责任，本身就让人心怀忐忑，爸爸妈妈不可能提前解决所有担心的问题。现在就把你所担心的事弄清楚，并逐一审视，对育儿会有帮助。

❖ 你在哪些方面想和自己的父母一样？哪些方面和他们不同？

回答：____________________

分析：我们的父母是我们育儿的最佳典范。他们既有经验也有教训。爸爸妈妈可以和自己的父母一起审视一下自己的生活，想想自己能从他们的长处与缺憾中学到什么。

让人爱不释手的小生命：新生儿的健康养育

新手爸妈从妇产医院满心欢喜地把新生宝宝接回家后，看着红扑扑、粉嫩嫩的宝宝，爱不释手，但紧接着一大堆从未遇到的问题摆在了面前：他吃得不会太多吗？怎么能让他好好睡觉呢……为了适应新的环境而独立生存，此时婴儿的身体内部在不断地发生一系列的变化，养育新生儿的责任落到了新手爸妈的肩上。

初识宝宝

新生儿出生后即成为一个完全独立的个体，面临着一个完全不同于胎内的生活环境，新生儿各生理器官必须立即适应新的环境，迅速发展适应各种环境变化的基本生存能力。

新生儿的分类

新生儿分类有不同的方法，分别根据胎龄、出生体重、出生体重和胎龄的关系、出生后周龄及高危儿等。

分类标准		划分标准
根据胎龄（从最后1次月经第1天起至分娩时止）分类	足月儿	37周＜胎龄≤42周（胎龄在259~293天）
	早产儿	胎龄<37周（胎龄<259天）
	过期产儿	胎龄≥42周（胎龄≥294天）
根据出生体重分类（出生体重指出生1小时内的体重）	正常出生体重儿	2500克≤新生儿的出生体重<4000克
	低出生体重儿	1500克＜新生儿出生体重<2500克
	极低出生体重儿	1000克＜新生儿出生体重<1500克
	超低出生体重儿	新生儿出生体重<1000克
	巨大儿	新生儿出生体重>4000克
根据出生体重和胎龄的关系	适于胎龄儿	新生儿出生体重为同胎龄儿平均体重的10%~90%
	小于胎龄儿	新生儿出生体重为同胎龄儿平均体重的10%以下
	大于胎龄儿	新生儿出生体重为同胎龄儿平均体重的90%以上
根据出生后周龄分类	早期新生儿	指出生后1周内的新生儿，属于围生儿。其发病率和死亡率在整个新生儿期最高
	晚期新生儿	指出生后第2周至第4周末的新生儿
高危儿（指已发生或可能发生危重疾病而需要监护的新生儿）	母亲疾病史	母亲有糖尿病、感染、慢性心肺疾患、吸毒或酗酒史，母亲为Rh阴性血型，过去有死胎、死产史等
	母孕史	母孕年龄大于40岁或小于16岁，孕期有阴道流血、妊娠高血压、先兆子痫、羊膜早破、胎盘早剥、前置胎盘等
	分娩史	分娩时难产、剖宫产、产程延长、分娩过程中使用镇静和止痛药史等
	新生儿	窒息、多胎儿、早产儿、小于胎龄儿、巨大儿、宫内感染和先天畸形等

刚出生的宝宝惹人怜

人们常用“粉嫩”来形容小宝宝，但刚出生的宝宝却实在不符合这两个字。新生儿长得还真有点儿“奇怪”。

四肢弯曲，拳头紧攥，足月的宝宝会长出指甲。宝宝在母体中时，手和腿都较身体其他部分稍微弯曲一些，出生后仍保留了这一特征。也有少数宝宝出生后手指张开。没有足月的宝宝可能没指甲，但一般三四天内就能很快长出。指纹与脚上的纹理已经成型，一些医院在新生儿出生后，会采集脚掌印，作为识别标识。

健康的肤色为粉红色，瘦弱的宝宝可能出现皱纹。有些宝宝身上会有淡青色的印记，多出现在背部或屁股上，消失时间不定，少则一两个月，多则一两年。宝宝全身都可能出现胎脂，早产的宝宝则更多。不过，这些特征随着他们的成长会逐渐消失，发皱的皮肤也会慢慢变平整，都不会影响宝宝的健康发育。

头部不全是圆形的，头发呈褐色或深棕色，大多较为稀疏。自然分娩或者使用吸引器助产的宝宝，头部因为外力作用会出现不同程度的变形，看上去稍尖一些，但这不会影响宝宝大脑的正常发育；剖宫产出生的宝宝，脑袋则是圆的。此时宝宝头发的多少并不能表明以后头发的好坏，因为它们会在 6 个月内全部脱落。

面部较平，鼻梁不挺，眼睛稍肿，眉毛、睫毛已清晰可见。宝宝眼肿是因为长时间浸泡在羊水中所致，并不影响健康。他们在哭时也多没有眼泪，因为刚出生的宝宝泪腺还没有发育完整。不过，有的宝宝生下来就会流眼泪也属正常。

新生儿降生后都会接受严格细致的检查：用肉眼观察身体外形的发育情况，如嘴唇、脊柱、四肢以及手脚等有无畸形等；之后会根据他们的生命体征进行评价，主要考察肤色、心率、反射、呼吸以及肌肉张力，满分为 10 分，7 分以上的都是健康宝宝。

为什么新生儿多在夜间出生

“呱呱呱……”，一阵阵生命的呐喊划破了寂静的夜空。你知道为什么宝宝多在夜深人静时降临人世吗？这是由于夜晚胎儿对母亲子宫的刺激有所加强，从而激发了子宫收缩，另外，产妇分泌的催产素也是白天少，夜晚多，且产妇白天思想分散，晚间则注意力集中，也导致宝宝更加容易出生。

第1~7天 最初的新生儿期

出生不久的宝宝还是一个总在睡觉的“小迷糊”，与你血脉相连的宝宝就在你的眼前、你的怀中，触手可及。宝宝是像爸爸还是像妈妈呢？

正常新生儿的体貌特征

新生儿是指出生4周内的宝宝。此时的宝宝太小，太脆弱，一切都要小心谨慎。不过，新生儿比我们想象中要长得结实，而且具有出色的适应能力。新妈妈首先要了解一下宝宝的身体，知道哪些是正常的情况，哪些是可能遇到的麻烦等。

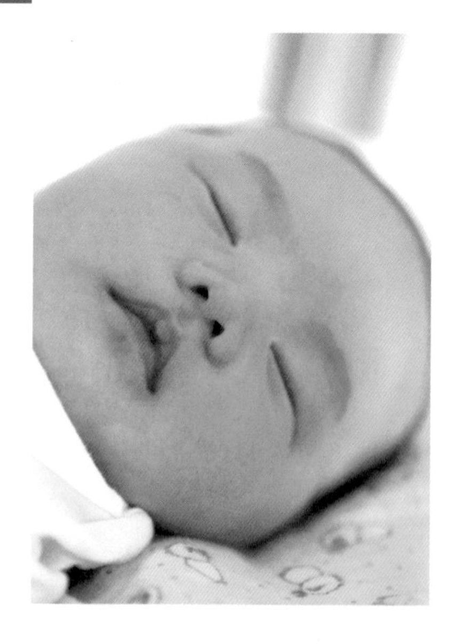

头部

整个头部占身长的1/4，到3个月龄时变为1/5，6个月龄时为1/6，成人时则为1/7～1/8。

在胎儿头顶处有一个搏动规律、柔软、微陷的菱形“开口”，称为“前囟门”。正常胎儿在出生后16～18个月前囟门会关闭。另外在后脑勺部位还有一个尺寸较小的开口，称“后囟门”，在出生后6～8周会关闭。

因受产道挤压或真空吸引，新生儿头部会有不同程度的变形，或头皮出现肿块，但一般会在产后几天自然消失。

头围和胸围

新生儿的正常头围是指从枕后结节经眉间绕头一周的长度。一般新生儿头围到出生后前半年会增加8～10厘米；后半年会增加2～4厘米。

新生儿的正常胸围是指沿宝宝乳头下缘绕胸一周的长度。出生时的胸围比头围要小1～2厘米，平均达到32.4厘米；1岁时胸围和头围基本相等；2岁后胸围会逐渐超过头围。

头发

大部分新生儿在出生时都已长出头发，但是颜色不一，主要表现为黑色、浅褐色等。出生 100 天后，胎发就开始脱落；过了周岁，胎发才全部脱落，长出新头发。

脸

由于宝宝刚通过狭窄的产道，所以脸有些浮肿，不仅油光光的，在脸颊上还会出现米粒般的红点。这是因为妈妈的激素影响，不必过多担心。

眼睛

观察新生儿的眼球、眼睑等眼部周围的器官，是否有斜视的现象。新生儿出生即能够区别亮和暗，有的新生儿眼屎较多，只要不是眼睛充血或睁不开等情况，就可以稍作观察。

新生儿的眼睛无法准确对焦，虽能随物体移动，但无法久视一个特定物体，仅限于正前方。有些宝宝的眼白有些许血丝或红点，此为生产时受到产道挤压造成的微血管破裂，过几天会自动消失。

鼻子

大部分新生儿的鼻子外形都比较扁平。一般宝宝出生后约 30 秒会出现自发性哭泣，以撑开肺泡，由脐带呼吸转为肺部呼吸。1 分钟后，呼吸渐渐加快，逐步调整并维持每分钟 30～50 次的规律呼吸。

新生儿出生后几个月内只会用鼻子呼吸，呼吸时常伴有咕咕作响的声音。吃奶时仍能自然呼吸，表示呼吸道通畅。鼻道内分泌薄而黏的白色分泌物，通常以打喷嚏的方式来清除。新生儿鼻子上可有一些黄白色的小点。

耳朵

新生儿刚出生时，耳朵一般都是瘪的，日后渐渐会舒展开。父母可观测耳形是否有歪斜的现象，并随时注意听力的发育。足月新生儿耳廓发育好，耳廓直挺。

口舌

刚生出的新生儿舌面上会有白色的片状物，几天后会自行消失。齿龈上能看到白色的珍珠状物，有可能会发出呼噜呼噜的声音。

颈部

新生儿颈部很短。皮肤充满皱褶，因肌肉还未发育成熟，尚无法支撑整个头部的重量，故将新生儿由平躺姿势拉起时，头会往后垂。3 个月后才有力量稳住头部。

有些新生儿在颈部会长有几颗直径小于1厘米的凸起，此为颈部淋巴结，日后会自行消失。

皮肤

刚出生时，新生儿的全身覆盖着一层叫胎脂的光滑油状物质。肤色最初像被水泡过似的，呈淡青色，逐渐变成红色。胎脂在出生数周后便会自动褪去。过了1~2周后，全身皮肤会变得清洁、松软。

胸部和乳房

宝宝的胸廓呈圆筒状，前后与左右直径几乎相等。刚出生时胸围较头围小1厘米，2岁前胸围几乎与头围一样大，以后胸围才会发展得比头围大。

因受母亲激素的影响，不论男女宝宝，其乳房构造都颇明显。刚出生时乳房都稍有隆起，有些新生儿的乳头甚至会分泌白色的乳汁，这是受到母亲催乳素的刺激，为正常的生理现象，在1周后会自行消失，但如果挤压乳头的话，容易引起感染。不要触摸，保持原状，几周以内就会恢复正常。

腹部和肚脐

新生儿腹部外观呈圆形，有点凸凸鼓鼓的。脐带于出生后1小时为蓝白色且潮湿，剪断后开始干燥萎缩，快者4~5天，慢者7~10天就会自然脱落。一定不能让脐带接触到水。脐带在干燥脱落时有的会变白变干，有的会变黑，并且在肚脐处出现褐色的黏稠分泌物，这些都是正常现象。如脐带脱落后依然出现脓水，需就医治疗。

胎毛

在新生儿的肩、背、面颊及耳垂等部位，都长有些许软、纤细的毛发，早产儿胎毛较多，但超过42周后出生的新生儿几乎无胎毛。胎毛一般在产后2周内自行脱落。

生殖器

男宝宝的生殖器与女宝宝的生殖器各有特点。男宝宝无论睾丸，还是阴茎的大小、颜色等，每个宝宝都是不一样的。阴茎顶端常被包皮覆盖。包皮下方有些许白色物质，上方则有小粒硬硬的白点，这都是正常的现象，会自行消失。两侧阴囊内都可摸到睾丸。阴囊会出现水肿现象，几个月后阴囊内的水分会自行消失。

女宝宝的阴唇和阴蒂会有点水肿，与躯体相比似乎显得特别大。尿道开口位于阴蒂后方，有些宝宝在阴唇间会有白色乳酪状物质，阴道则会出现白色黏稠分泌物或血丝（假性月经），此为体内突然失去母亲雌激素所致，通常1周内会消退，家长千万不可强行清除。

身长

足月（孕期 37～41 周）成熟新生儿（出生体重大于或等于 2500 克）出生时的身长大概为 50 厘米。随着年龄的增长，到满月时身长能够增加 6 厘米，达到 56 厘米左右。

体重

体重是反映新生儿的成熟程度和营养状态的重要指标。但是，即使是一个 2500 克的小宝宝也会同一个 3000 克以上的大宝宝一样健康、活泼、可爱。新生儿出生时平均体重为 3 千克，正常范围为 2.5～4 千克。由于每个婴儿在母体里的发育不一样，出生时的体重都有一定的差异，出生后每个婴儿的喂养成长也有差异。

四肢

由于中枢神经尚未发育成熟，在没有受到外界刺激时，新生儿常会有四肢抖动的现象，哭或受刺激时则会颤抖，但只要大人抓住时就会停止抖动，属于正常现象，不必过于担心。

宝宝的双手常保持半握拳姿势，有极强的抓握能力，指甲和趾甲呈半透明状，在出生时已经完全长好。甚至有的新生儿指甲太长而需要修剪。髋关节张开，膝盖弯曲。随着宝宝的长大，会逐渐伸直，也可以经常给宝宝做压腿体操。脚虽然还是平足状态，一旦开始走路，脚底就会变换形状。

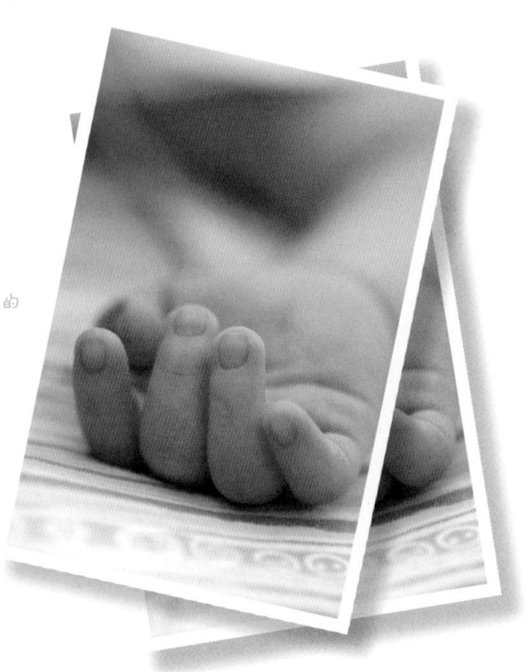

新生儿的手常呈放松的握拳姿态。

新生儿身体系统发育的生理特点

新生儿已是一个眼、鼻、口等各个器官俱全的“小人儿”。但是，这个“小人儿”毕竟和成人不一样，虽然五脏六腑齐全，但身体各项系统功能发育都还不成熟，需要父母的细心呵护。

骨骼

出生后，新生儿不少骨头还是软骨。上下肢的长骨也没有完全钙化。新生儿颅骨骨化尚未完成，有些骨的边缘彼此尚未连接起来，有些地方仅以结缔组织膜相连。由于脊柱的生理弯曲尚未形成，脊柱的负重、支撑能力很差，因此新生儿无力抬头。

肌肉

新生儿刚出世，四肢呈蜷曲状态。随着月龄增加，屈肌和伸肌的力量逐渐协调，四肢就会伸展开来。不要硬把新生儿的胳膊、腿拉直，裹紧，这样就限制了新生儿的运动。最好给新生儿穿上合身的上衣，包被自腋下包裹，松而不散即可。

关节

新生儿的关节还没有发育好，关节不够牢固，在受到强力作用下，容易发生脱臼。新生儿的衣服要宽松，易于穿脱。若衣袖太紧，穿脱时猛力牵拉或提拎了新生儿的手臂，则容易造成脱臼。

皮肤

新生儿的皮肤薄嫩，呈玫瑰色，皮肤的保护功能差。若皮肤被擦伤、抠烂，细菌就可趁虚而入，使“病从皮入”。由于皮下脂肪较少，容易使体热散失，环境温度低时，新生儿很容易受凉。因汗腺尚未发育完善，即使很热，也不会出汗。

体温

新生儿还不能很好地调节体温。由于体温中枢发育尚未完善，新生儿体温的调节能力差，体温不易保持稳定，容易受环境的影响而发生变化。

哺乳后和身体运动以后体温容易偏高。正常新生儿的肢体温暖，新生儿的体温，在肛门测量为37℃左右，腋下比肛门要稍微低些，正常腋温为36.5℃ ~37.4℃。故当新生儿从母体娩出后1~2小时内，体温下降约2.5℃，然后体温会慢慢回升至正常温度。由于新生儿的皮下脂肪薄，汗腺发育不成熟，又较成人散热快，在环境温度过高或保暖过度的情况下，加上新生儿水分摄入不足，就会造成新生儿体温升高；相反，体温则会下降。若环境温度正常，保暖适度，而体温有异常，则属病理情况。

呼吸

新生儿面骨的发育尚未完善，鼻小，鼻腔狭窄，一旦感冒会出现鼻塞，可导致呼吸困难和睡眠不安。由于气管、支气管的管腔狭窄，发生炎症时也容易造成呼吸困难。

新生儿的胸腔狭窄，吸气时胸廓扩大的程度有限，因此新生儿在呼吸时几乎看不出胸廓的起伏。新生儿呼吸时，腹部可见明显起伏，称为“腹式呼吸”。正常新生儿每分钟呼吸约 40 次，呼吸的快慢常不均匀。

心脏和血液

新生儿新陈代谢旺盛，但心肌力量薄弱、心腔小，每次搏出的血量少，因此必须以增加每分钟心跳的次数来补偿。新生儿一般每分钟心跳的次数为 140 次左右。哭闹、吃奶后或发烧，都可使心率加快。新生儿全身血液总量约 300 毫升。血流多集中于躯干和内脏，四肢较少，所以四肢容易发凉或青紫。

免疫系统

新生儿的皮肤和黏膜薄嫩，屏障作用差，一小块皮肤、黏膜破损，都可能引起严重的败血症。新生儿自身产生的抗体还很少，不足以抵抗病原体的侵袭。但是胎儿时期母体给予胎儿的抗体，对新生儿防御一些传染病仍然有效。新生儿还可以从初乳中获得抗体，使初乳更显可贵。

新生儿娩出后，助产士首先为新生儿清理呼吸道，及时用吸痰管清除新生儿口腔及鼻腔内黏液和羊水，以免发生吸入性肺炎。当确定呼吸道黏液和羊水已吸净而仍无哭声时，可用手轻拍新生儿足底，促其啼哭。新生儿大声啼哭，是新生儿出生后的第一次呼吸，表示呼吸道已通畅，呼吸系统已经正常工作，能够提供自身需要的氧气。同时新生儿肺部得以扩张，吸入大量氧气，降低了肺循环的阻力。

神经系统

新生儿的脑重约350克，相当于成人脑重的1/4左右。脑细胞处于增殖阶段，脑细胞数量在出生后一年内仍在增加。新生儿神经细胞的突起短而且数量少，有的神经细胞，轴突的外面尚无髓鞘（髓鞘有绝缘作用），所以刺激传导容易“泛化”。如只碰一下新生儿的手，却会引起他全身的运动。随着新生儿的生长发育，神经细胞的突起由短到长、由稀到密，形成越来越复杂的神经结构。

新生儿期大脑皮层兴奋性低，所以，新生儿几乎整天处于保护性的抑制——睡眠之中，每天睡眠时间长达20小时，常言道，“能睡的宝宝长得结实”，可见，睡眠对宝宝来说是多么重要。

新生儿睡眠的长短有个体差异。即使睡的时间短一些，如果情绪很好，就不用担心。随着新生儿的成长，睡眠时间会渐渐缩短。要充分注意室温和寝具，创造一个快乐舒适的睡眠环境。

当新生儿在半睡半醒时，呼吸较不规律，眼睛忽张忽闭，但眼神呆滞，可能会突然出现一两声啼哭或微笑，较容易被噪声吵醒。

当新生儿清醒后，会安静地注视周围环境，或吸吮手指头、玩自己的手脚，以安抚自己。刚出生的小宝宝在熟睡时会没原因地露出笑容，但这样的笑容通常是无意识的神经牵动，并没有情绪的表达。

泌尿和排泄

新生儿的肾脏尚未发育完善，对钠盐的排泄能力有限。新生儿的肾脏对某些药物的排泄较慢，对新生儿用药应慎重。

绝大多数新生儿在出生后第一天就排尿，少数在第二天排尿。最初几天，每天仅排尿4～5次，出生后1周可增至20次左右。新生儿尿道短，女婴仅1厘米左右，尿道口靠近肛门，容易被粪便污染。要注意外阴的清洁护理。男婴出生时睾丸已降至阴囊内。如一侧或两侧睾丸未降至阴囊，称为“隐睾”。女婴小阴唇和阴蒂相对较大。

新生儿出生后一两天排出的黑绿色的大便叫作胎便，胎便是在胎内时积蓄的东西，是胆汁、羊水、肠黏膜的脱落物等。偶见胎便中黏液和少量的出血，属于暂时性的现象。

之后的48小时，变为混着胎便的乳便，为过渡便。出生4～5天以后变成没有胎便混杂的乳便，呈黄色。大便的次数一般为一天3～4次。人工喂养的宝宝大便稍干些，次数也少些，母乳喂养的宝宝大便稍稀。新生儿便秘也有体质上的问题。即使便秘2～3天，如果情绪好，也不用担心。

能量与体液代谢

足月儿基础代谢需要热量大概为50千卡/（千克·天），共需总热量为100~120千卡/（千克·天）。宝宝体内所含水量占体重的70%~80%，随着日龄的增加会逐渐减少。7~10天后会恢复到出生时的体重。钠需要量为1~2毫摩尔/（千克·天）。宝宝出生后10天内血钾水平较高，一般不需要补充，以后需要量为1~2毫摩尔/（千克·天）。

早产儿吸吮力非常弱，消化功能也差，往往会需要肠道外营养。体液总量大概为体重的80%，按千克体重计算，所需体液量要比足月儿高，如摄入100千卡热量一般需100~150毫升水。

宝宝也知道"站得高，看得远"的道理了，在妈妈把他抱得高高的时候，宝宝会很高兴，大声嚷嚷。

新生宝宝的原始反射

从新生儿到 1 周岁，宝宝的大部分动作都是本能下的反射作用。一般正常的新生宝宝至少有 70 种不同的反射，这些反射在宝宝出生 3～6 周后就会自然消失，不过如果这些反射活动，特别是抓握、抬头、行走这几种多加训练，会对宝宝将来大动作发展有很好的帮助。

原始反射	具体表现
吮吸反射	当乳头、手指或其他物体碰到宝宝的嘴唇，他会立即做出吮吸的动作。这是一种食物性无条件反射，即吃奶的本能
觅食反射	如果你用手指轻轻碰触宝宝的面颊，宝宝会把头转向手指并把小嘴张开
拥抱反射	宝宝被抱起时，会本能地紧紧靠贴着你
眨眼反射	物体或气流刺激睫毛、眼皮或眼角时，宝宝会做出眨眼动作。这是一种防御本能，可以保护眼睛
抓握反射	用手指碰触宝宝的掌心，宝宝会立即紧紧握住手指，如果你试图拿走，宝宝会越抓越紧，甚至可以使自己的身体悬挂起来
惊跳反射	被突如其来的噪声刺激，或者被猛烈地放到床上时，宝宝会立即把双臂伸直，张开手指，弓起背，头向后仰，双腿挺直
击剑反射	宝宝仰卧时，把他的头转向一侧，他会立即伸出该侧的手臂和腿，屈起对侧的手臂和腿，做出击剑的姿势。据说这是人类进化过程中自我防护的本能表现
迈步反射	扶着宝宝的两肋，把他的小脚放在平面上，他会做出迈步动作，两腿协调地交替，就像走路一样
游泳反射	让宝宝俯卧在床上，托住他的肚子，他会抬头、伸腿，做出游泳姿势。如果俯伏在水里，他会本能地抬起头，同时做出协调的游泳动作
蜷缩反射	新生宝宝的脚背碰到平面边缘时，会做出像小猫那样的蜷缩动作
巴宾斯基反射	用手指由新生宝宝脚跟部轻轻向前划足掌外侧，宝宝的表现是拇趾背屈，其余四趾呈扇形张开
巴布金反射	如果单手或双手的手掌被压住，新生宝宝会转头张嘴，当手掌上的压力放松时，宝宝就会张开嘴巴，像打呵欠一样

新生儿的“五感”

新生儿的感觉发育最早，感觉是新生儿的最初心理活动，是一切活动的基础。

视觉	新生儿一出生就有光感。新生儿刚生下时总是睡着，多数情况是闭着眼睛，睁开眼时目光可反射地跟随在近距离内缓慢移动的物体，能看见 15 厘米处的物体。适宜地刺激可促进视觉的发育。如母亲护理宝宝时，面对宝宝的脸，向他眨眨眼、说说话，宝宝会注视妈妈的嘴和眼睛。新生儿在眼球运动时，可能出现两只眼睛一只向左，另一只向右，这只是暂时的现象，待神经肌肉更加协调，眼球的运动也更趋完善。新生儿喜欢注视色彩鲜艳的物体，对红色和蓝色有不同的反应
听觉	新生儿已有听觉，且听觉集中，对突然的响声有反应，会受惊，停止手脚乱动。听到母亲的声音能停止哭声并安静下来。新生儿会把头转向声源。新生儿特别喜欢听母亲心跳的声音。当他哭闹时，母亲把他搂在怀里，就会停止哭闹。如能定时播放优美的音乐，其睡眠会更有规律
味觉	新生儿的味觉很敏感，已能对不同的味道做出不同的反应。喜甜味，尝后出现吸吮动作；不喜苦、酸、咸味，尝后出现闭眼、皱眉、苦脸而转头避开。新生儿尝过甜味的牛奶后，往往不肯再吃母乳
嗅觉	新生儿出生后一周左右，就能区别生母与他人乳汁的气味。会通过嗅觉寻找母亲的乳头，喜闻乳香，并很快学会分辨不同的气味，如喜闻果香味，不愿闻臭气
触觉	新生儿的触觉灵敏，特别是嘴唇、手心、脚心、前额等部位特别敏感。新生儿特别需要温暖、爱抚，以解除“皮肤饥渴”。很多无条件反射都是和皮肤相联系的。如刺激新生儿的嘴唇和嘴的周围皮肤，就会出现吸吮反射；刺激手掌，会引起抓握反射。新生儿出生时就具有痛觉，遇到痛的刺激后立刻引起全身反应

新生儿的特殊生理现象

新生儿有一些特殊的生理现象，看上去好像是病态，其实是生理现象，不需要治疗，也不能随意处理。有些生理现象，如生理性体重下降、生理性黄疸等，需要认真观察，要与病理性体重下降、黄疸相鉴别。

生理性体重下降

新生儿在出生后 1 周左右，由于吃奶量少，又排出胎便、尿，加上皮肤蒸发，使机体丢失一些水分，使新生儿体重比出生时体重下降 100～300 克，这种现象被称为“掉水膘”。正常情况下，在出生后 7～10 天，体重可恢复到出生时的水平，以后体重明显增加。

此后，新生儿的体重会以平均每天 30 克的速度增长。在新生儿期的 28 天中，体重增长应大于 600 克。如果每日体重增长少于 20 克或满月时体重增长少于 600 克，则说明新生儿体重增长不良，可能是母乳不足、喂养不当或其他原因造成的。这时新生儿的家长应给予重视，积极地去寻找原因。

称量新生儿的体重最好是在吃完奶后一段时间，每次称重均选择同一时间。这样就可以准确知道你的宝宝体重是多少，并可以与上一次称的体重做比较。

生理性黄疸

在胎儿期，胎儿处在低氧的环境中，为了获得生长发育所需要的氧气，造血器官就制造出大量的红细胞，以携带氧气。出生后，肺循环建立，不再需要大量的红细胞，多余的红细胞分解成胆红素。

胆红素好比是一种黄色的“染料”，产生过多，就将皮肤、巩膜（白眼球）染黄，形成黄疸。约有半数的新生儿，在出生后 2～3 天，皮肤、巩膜出现轻度的黄疸，一般经过 7～10 天，黄疸消退，这是生理性黄疸，不需要治疗。

螳螂嘴和板牙

新生儿口腔两侧颊部有较厚的脂肪层，使颊部隆起，俗称“螳螂嘴”，又称“吸奶垫”。有人在新生儿不肯吃奶时，去挑割其“吸奶垫”，引起口腔炎，甚至发展成败血症。

在新生儿的牙龈上有一些灰白色的小颗粒，俗称“板牙”或“马牙”。板牙不妨碍新生儿吸吮，日后也不会影响出牙，切勿挑、刺，以免发生感染。板牙会自然消失，不需要处理。

乳房肿大

有的男婴或女婴，在出生后数日后出现乳房肿胀，甚至还有乳汁分泌，一般经两三周消退。这是因为出生时体内有来自母体的雌激素、孕激素和生乳素。雌激素和孕激素有抑制生乳素的作用。出生后，雌激素和孕激素很快消失，生乳素却维持较长时间，所以使新生儿出现乳房肿大的现象。注意不要按摩、挤压乳房，以免发生乳腺感染。顺其自然，不必处理。

“红斑”与“胎记”

新生儿常在出生后1～2天，由于光、空气、衣服、包布、尿布及温度等刺激，面部、头部、躯干及四肢皮肤出现大小不等、边缘不清的多形红斑，但宝宝并无不适感，这种红斑多在2～4天内迅速消退。新生儿红斑消退时会伴有皮肤少量脱屑或脱皮，这是新生儿的正常生理现象，不是“胎毒”，无须处理。但如果有红斑感染化脓，周围出现水肿，则需去医院治疗。

在新生儿的背部、骶部、臀部、脚部内侧皮肤上，往往可以看到暗蓝色、形状大小各异的色素斑，多为圆形或不规则形，边缘清晰，用手按压时不褪色，俗称胎记。此为皮肤深层色素沉着所致，随着年龄增长，多于5～6岁时会自行消退，不需治疗。

女婴阴道流血

有的女婴出生后2～3天阴道排出少量血性分泌物，持续1～2天。这是由于胎儿受母亲雌激素的影响，生殖道细胞增殖、充血。宝宝出生后，体内雌激素的来源中断，原来增殖、充血的细胞脱落，使女婴出现“假月经”。

新生儿在出生后的一段时间内可能会出现一些特殊现象，过一段时间这些现象可以自然消失，不需治疗。如果胡乱处理，反而会招致疾病。

早产儿的特征

项目	表现
外形特点	皮肤柔嫩，呈鲜红色，表皮菲薄可见血管，面部皮肤松弛，皱纹多，头发纤细像棉花样不易分开，外耳软薄，立不起，紧贴颅旁，颅骨骨缝宽，囟门大，囟门边缘软。乳腺在 33 周前摸不到，36 周很少超过 3 毫米。乳头刚可见。女婴大阴唇常不能遮盖小阴唇。男婴睾丸多未降入阴囊。胎毛多，胎脂布满全身，指(趾)甲软，达不到指端，足趾纹理仅前端有 1~2 条横纹，后 3/4 是平的
体温	因体温调节中枢发育不全，皮下脂肪少，易散热，加之基础代谢低、肌肉运动少，产热少，故体温常为低温状态。但由于汗腺发育不良，包裹过多，又可因散热困难而致发热。故早产儿的体温常因上述因素影响而升降不定
能量和体液代谢	新生儿基础热能消耗为（50 千卡 / 千克），每日共需热量为 100~120 千卡 / 克。足月儿每日钠需要量 1~2 毫摩尔 / 千克，小于 32 周早产儿约需 3~4 毫摩尔 / 千克；新生儿生后 10 天内不需要补充钾，以后每日需钾量为 1~2 毫摩尔 / 千克。早产儿常有低钙血症
免疫系统	由于全身各脏器的发育不够成熟，白细胞吞噬细菌的能力较足月儿差，血浆丙种球蛋白含量低下，故对各种感染的抵抗力极弱，即使轻微感染也可发展成为败血症
肾脏功能	肾发育不成熟，抗利尿激素缺乏，尿浓缩能力较差，故生理性体重下降显著，且易因感染、腹泻等而出现酸碱平衡失调。早产儿肾小管排酸能力有一定限制，用普通牛奶喂养时，可发生晚期代谢性酸中毒，改用人乳或婴儿配方乳，可使症状改善
血液循环系统	早产儿血液成分不正常，血小板数比正常新生儿少。出生后，体重越轻，其血液中的红细胞、血红蛋白降低越早，且毛细血管脆弱，因而容易发生出血、贫血等症状。足月新生儿心率波动范围为 90~160 次 / 分；足月儿血压平均为 70/50 毫米汞柱
呼吸系统	因呼吸中枢未成熟，呼吸浅快不规则，常有间歇或呼吸暂停。哭声低弱，肺的扩张受限制而常有青紫，喂奶后更为明显。咳嗽反射弱，黏液在气管内不易咳出，容易引起呼吸道梗阻及吸入性肺炎
肝脏	肝功不健全，出生后酶的发育亦慢，故生理性黄疸较重，持续时间亦较长。贮存维生素 K 较少，凝血因子低，故容易出血。合成蛋白质功能极低，易引起营养不良性水肿
消化系统	吸吮及吞咽反射不健全，易呛咳。贲门括约肌松弛，幽门括约肌相对紧张，胃容量较小，排空时间长，故易吐奶。胃肠分泌、消化能力弱，易导致消化功能紊乱及营养障碍

新生儿脐带护理

正常情况下，在宝宝出生后 7~10 天脐带就会自然干燥并脱落。刚脱落的肚脐会渗出血水，需要特别护理。不论脐带是否已脱落，肚脐可按下面方法来处理：

1 每天清洁肚脐部位。重点清洁白色的脐带根部，宝宝的肚脐处是不会痛的，妈妈可以放心清洁。

2 清洁完毕，要用干净的毛巾将肚脐处的水分擦干，以棉花棒蘸 95% 的酒精涂于肚脐处，由脐带根部（或凹处）开始向外擦至皮肤。

3 每次换尿布时，需要检查脐部是否干燥。如发现脐部潮湿，就用 95% 的酒精再次擦拭。95% 酒精的作用是使肚脐加速干燥，干燥后易脱落，也不易滋生细菌。脐带脱落后，也可按此方法处理。

新生儿湿疹的护理

❀ 什么是湿疹

宝宝如果血液中的免疫球蛋白 E 增多，就是先天容易过敏的遗传体质，容易出现湿疹。

❀ 症状和表现

湿疹一般出现在出生后 10~15 天，脸上有小红疙瘩、眉毛上有浮皮样的物质等，屁股上也容易出现尿布疹。1~2 个月是湿疹经常出现的时期。到 3 个月，宝宝湿疹会更重，头顶上会结一层很硬的脂肪性疮痂，脸上也有。宝宝会比较痒，用手不停抓挠。

❀ 如何应对

宝宝的头顶如出现硬痂，可在洗澡前 20 分钟抹上婴儿油，用温水轻轻冲洗，多洗几次自然会掉。

宝宝洗澡时，仅仅用清水，不要用其他洗护产品了。

母乳喂养的妈妈最好避开牛奶、鸡蛋，能减轻宝宝的湿疹。宝宝的贴身衣物最好是棉质的，在阳光下晾晒，能起到消毒的作用。

新生宝宝皮肤娇嫩，所以新妈妈要给宝宝选择棉质的衣服，这样可以很好地保护宝宝的皮肤。

母乳，送给宝宝最珍贵的礼物

母乳是上天赐给宝宝最珍贵的礼物，也是新生宝宝最好的能量来源。母乳的营养成分都很容易消化，几乎全部被新生宝宝的身体吸收。母乳除含有生命所需的维生素和无机盐外，还含有可防御疾病的免疫物质。哺乳对母亲的健康有利，还能使母子间的亲密关系得以延续。

母乳喂养，好处多多

1 母乳营养丰富，是新生宝宝最理想的天然食品。母乳中含有较多的脂肪酸和乳糖，钙、磷的比例适宜，适合新生宝宝消化和吸收，不易引起过敏反应、腹泻和便秘；母乳中含有利于宝宝大脑细胞发育的牛磺酸，有利于促进新生宝宝智力发育。

2 母乳是新生宝宝最大的免疫抗体来源。母乳中含有多种可增加新生宝宝免疫抗病能力的物质，可使新生宝宝预防各类感染，减少患病。特别是初乳含有多种预防、抗病的抗体和免疫细胞，这是任何代乳品所没有的。

3 母乳喂养可促进亲子间的感情建立与发展。在母乳喂养中，新妈妈对新生宝宝的照顾、抚摸、拥抱等身体的接触，都是对新生宝宝的良好刺激，不仅能够促进母子感情日益加深，而且能够使新生宝宝获得满足感和安全感，促进其心理和大脑的发育。

4 减少过敏反应。母乳的乳蛋白不同于牛奶的乳蛋白，对于过敏体质的新生宝宝，可以减少其因牛乳蛋白过敏所引起的腹泻、气喘、皮肤炎症等过敏反应。

5 母乳的新作用。母乳中含有镇静助眠的天然吗啡类物质，可以促进新生宝宝睡眠。母乳中的一种生长因子能加速新生宝宝体内多种组织的新陈代谢和各器官的生长发育。

初乳最珍贵

新生儿所需的营养素不仅要维持身体的消耗与修补，更重要的是要供给身体生长发育之用。母乳是新生儿最科学、最合理的食品，母乳的优点是任何代乳品都无法比拟的。母乳分初乳、过渡乳、成熟乳、晚乳，产后不同时期分泌的乳汁成分各异，对宝宝的生长发育有不同的影响，特别是初乳多含抗体和免疫有关的锌。

	划分	营养特点
初乳	新生宝宝出生后 7 天以内所吃的较稠、呈淡黄色的早期乳汁。俗话说“初乳滴滴赛珍珠”，可见初乳的珍贵。初乳量少，呈黄色，有些发黏	初乳的量少（10～40 毫升），初乳少含脂肪和碳水化合物，多含蛋白质（主要是球蛋白）、维生素 A 和矿物质，并且含大量能提高宝宝免疫力和促进宝宝器官发育、成熟的活性物质，滴滴珍贵，不要轻易抛弃
过渡乳	7～14 天的乳为过渡乳	脂肪含量最高，而活性物质、蛋白质、矿物质的含量逐渐减少
成熟乳	产后第 3 周到 9 个月分泌的乳汁为成熟乳	成熟乳的各种营养成分比较固定，其中蛋白质、脂肪、碳水化合物的比例约为 1 : 3 : 6。这个时期要逐渐添加辅食
晚乳	产后 10 个月以上分泌的乳汁是晚乳	乳汁的各种营养成分含量逐渐减低、分泌量也逐渐减少，已渐渐丧失其营养价值。这个时期要以添加辅食为主，充分补充营养

母乳的分泌量第 1 天约为 50 毫升，第 4 日每日可达 500 毫升，1 个月时每日可达 650 毫升，3 个月时达到顶点，每日可分泌 750 毫升。新妈妈每分泌 100 毫升的母乳要消耗热量 60～70 千卡。

初乳除了含有一般母乳的营养成分外，还含有抵抗多种疾病的抗体、免疫球蛋白、菌酶、微量元素等，且含量相当高。这些免疫球蛋白对提高新宝宝抵抗力，促进宝宝健康发育有着非常重要的作用。因此，初乳增加抵抗力的作用比成熟乳大。

营养专家建议新妈妈，初乳不可丢，过渡乳要多哺乳，成熟乳要逐渐添加辅食，晚乳不久留。新妈妈应力争最少要哺喂母乳 4 个月，确有困难者，也至少要争取让新宝宝吃到初乳。

分娩后宜及早“开奶”

为了利于乳汁早分泌，应在分娩后半小时内即开始哺乳，让母亲皮肤与新生儿皮肤进行接触，并让宝宝吸吮乳头20分钟，以刺激乳头，促进催乳素的分泌。

新生儿出生后半小时内觅食反射最强，以后逐渐减弱，24小时后又开始恢复。分娩后早让母婴接触，早开奶的好处是：

1 有利于母亲乳汁分泌，不仅能增加泌乳量，而且还可以促使乳腺管通畅，防止奶胀和乳腺炎的发生。

2 新生儿也可通过吸吮和吞咽动作促进肠蠕动及胎便的排泄。

3 新生儿的吸吮动作还可以反射性地刺激母亲的子宫收缩，有利于子宫复原，减少出血和产后感染的机会，有利于产妇的康复。

4 早喂奶可使新生儿得到初乳中的大量免疫物质，以增强新生儿防御疾病的能力。

5 早喂奶还有利于建立母子亲密关系，能尽快满足母婴双方的心理需求，使宝宝感受母亲的温暖，减少宝宝来到人间的陌生感。

育儿答疑

母乳喂养需要给宝宝喂水吗?

联合国儿童基金会新近提出的“母乳喂养新观点”认为，一般情况下，母乳喂养的宝宝，在4个月内不需要添加任何食物，包括水。

因为母乳中含有宝宝6个月以前所需要的蛋白质、脂肪、乳糖、维生素、水分、铁、钙、磷等全部营养素。母乳的主要成分就是水，这些水分完全能满足宝宝，所以不需要额外补充水分。

但要特别注意，如果宝宝出现热病、呕吐、腹泻等现象时，就需要给宝宝适量补充水分，以免出现失水现象。

按需哺乳

饿了就要吃，这是人的本能。现在主张哺乳原则为按需哺乳，这与以前的定时喂奶观点不同。

宝宝出生后头几天要多吸吮母乳，以达到促进乳汁分泌的目的。每当宝宝因饥饿啼哭或母亲感到乳房胀满时就应该进行哺乳，哺乳间隔是由宝宝和母亲的感觉决定的，这就叫按需喂养。

新生儿是最不能忍受饥饿的，一饿就会哭，如果一个要按时喂奶的母亲就因为时间不到不给宝宝喂奶，这是不妥的。对于出生不久的新生儿来说也是不太合理的。

新生儿胃容积很小，仅 30 毫升左右。由于新生儿早期吸吮力弱，每次吸入的奶量很少，加之目前母亲多是初产妇，喂奶的姿势也不一定正确，往往弄得母婴都疲惫不堪，而宝宝却未能吃饱，常常由于疲劳，吃几口就睡着了。但睡不了多久，又因饥饿而啼哭。若因未到规定的间隔时间而耽误喂奶，长期如此会造成宝宝营养不良，影响宝宝生长发育。母亲分泌的乳汁由于未被宝宝吸空，久而久之便会使奶量分泌减少。

喂奶过于频繁，一方面会影响妈妈休息，造成奶水来不及充分分泌，进而造成宝宝每次都吃不饱，过不了多久就又要吃的恶性循环；另一方面频繁吸吮也会使妈妈的乳头负担过重，容易破裂，从而无法哺乳。

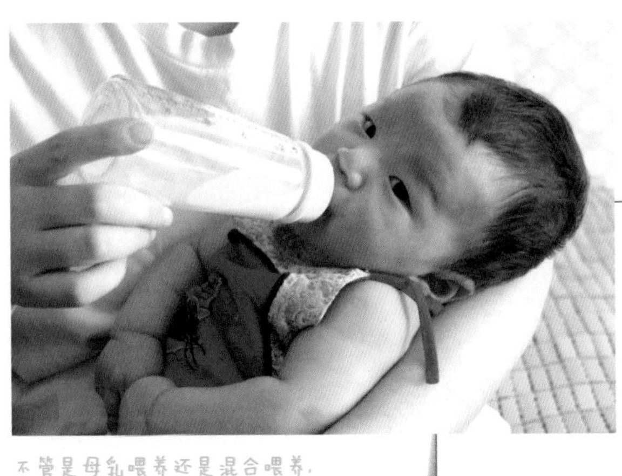

不管是母乳喂养还是混合喂养，不提倡定时定量，而应按需喂养，每天 8 次以上。

妈妈课堂

按需喂哺不是一哭就喂

我们提倡按需喂哺宝宝，但这并不是说宝宝一哭就得喂。因为宝宝啼哭的原因很多，也许是尿湿了，也许是想要人抱了，也许是受到惊吓了等，妈妈应该做出准确判断。如果把宝宝抱起来走一走，或是给他换掉脏尿布，他就能安静下来，停止啼哭，那么就可以不必喂奶。

早产宝宝的肠胃特点与哺养应注意的问题

因早产儿的胃肠发育未成熟，消化吸收能力受到限制，所以妈妈出院后在喂食方面须特别注意：

1 奶量：刚出院回家后的两三天内，维持在医院时的进食量即可，因为宝宝对环境变化较敏感，易有肠胃不适、消化不完全的现象，待过两天稳定后再逐渐增加量。

2 少量多餐：少量多餐可减少宝宝出现胃胀的情况，且可避免呕吐及呛入肺内，避免因胃胀而压迫肺部的呼吸，并有充分的时间使食物消化、吸收。但为了顾及早产宝宝的营养，每天喂食的总量不变，只是增加喂食的次数，这样才不会影响宝宝摄取的营养总量。

3 缓慢喂食：宝宝呼吸与喂食时的吸吮及吞咽动作是不能同时进行的，为了吸吮或吞咽必须得屏住呼吸。可是呼吸对早产宝宝来说又是迫切需要的，所以当宝宝吃奶憋住呼吸时，就容易将口中的奶水呛入气管及肺内，造成严重的呼吸道阻塞或吸入性肺炎。

由于吸吮本身很耗费力气，连续的吸吮及吞咽动作对早产宝宝来说非常困难。所以，喂食时一定要有耐心慢慢地喂，每隔 1～2 分钟停顿一下，将奶瓶嘴或乳头移出口中，使宝宝能喘口气，待呼吸平稳些再继续喂食。当宝宝稍长大些，心肺功能逐步发育完善后，这些情况就会有所改善。

4 注意腹胀及大使情况：早产宝宝容易发生消化及吸收功能不良，所以，要常用手摸捏宝宝的肚子，如果是松松软软的就属正常；如果是硬实的（在宝宝未用力时），就要格外小心，最好请医生检查。

腹泻也代表胃肠功能不佳，比较衰弱的早产宝宝很容易因几次腹泻而脱水，甚至危及生命。当早产宝宝有腹泻时，应暂时减少喂食量，以减少胃肠的负担。腹泻次数多的，要去医院就诊。

健康宝贝吸吮母乳平稳又畅快。早产的宝宝消化系统比足月儿要弱，因此，尤其需要妈妈在喂养时考虑其消化系统的特征，防止腹泻等病症的发生。

新生儿日常照料，总是小心翼翼

新生儿的日常正规护理是新生儿生长过程中一个重要的步骤，如果护理不当，就会给宝宝的生长发育带来很多不利的影响。因此，对于新生儿的日常护理一定要正确。

抱宝宝的方法

❀ 从床上抱起时

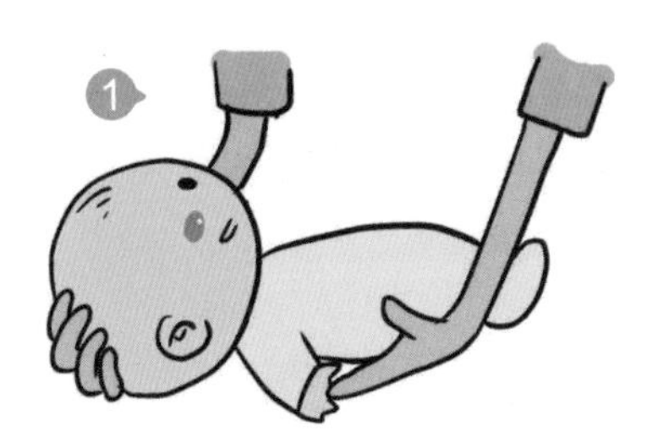

托住脖子和屁股。一只手伸进脖子下方，用全部手掌托住脖子，另一只手伸进屁股下面。

妈妈的腰部要稍微弯曲，将宝宝拉向妈妈的方向抱起来。妈妈要维持弯曲腰部的姿势。

❀ 喂母乳时

摇篮抱法。这是授乳的基本姿势，将宝宝放在大腿上，用手肘的内侧托住头部，让宝宝侧躺后拉过来抱着。

肋抱。适合于奶多的妈妈。用宝宝含住的乳房一侧的胳膊垫住宝宝的屁股，用另一只胳膊托住头部。

❀ 放下睡着的宝宝时

抱着孩子坐。为了不让宝宝醒来，抱着宝宝弯曲两膝盖，坐在地上。

让宝宝躺下。身体前倾，将宝宝的屁股放在床上。

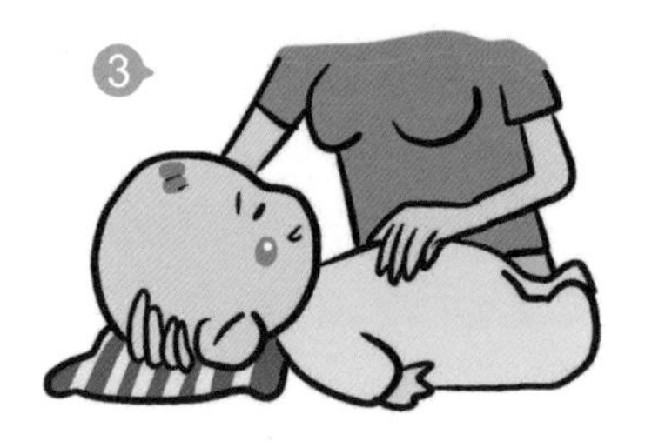

将宝宝的头再放在枕头上。

整理。放下宝宝后为了不让宝宝的后背硌着，抚摸着后背整理衣服。

❀ 将宝宝递给对方时

一只手放在宝宝两腿间托住屁股，另一只手托住宝宝的脖子和肩膀。从宝宝的头开始，慢慢放在对方手上。

❀ 哄宝宝或让宝宝睡觉时

一只手托住脖子，另一只手托住屁股，竖着抱宝宝。跟宝宝对视着轻轻拍屁股，轻轻向两侧晃动。

给新生儿洗澡

洗澡的注意事项

每周2~3次最好，洗澡的时间以10分钟为宜，最好在上午10点至下午2点之间。新生儿出生后1周还有肚脐感染的危险，所以要部分洗澡，脐带全部掉落后再洗全身。

宝宝洗澡时，室温宜为24℃~26℃。洗澡水温度控制在38℃~40℃，以妈妈的肘部浸在水里感到暖和为宜。

准备好洗澡水和洗浴用品，不要让新生儿的体温降低。

做好给宝宝肚脐消毒的准备，纱布、毛巾等要放在够得到的地方。洗完澡后换的衣服以上衣、尿布兜、尿布的顺序叠放。

不要用香皂给宝宝洗脸，最好用清水。

洗完澡穿好衣服，要开始做肚脐护理了。消毒结束后，要露出肚脐待其变干。

洗完澡后喂热的奶或水。

全身洗澡的方法

❀ 洗澡准备

1 测洗澡水的温度。在浴盆中准备洗澡水，洗脸盆里准备最后冲洗的水，用手肘测水温。

2 抱起宝宝。给宝宝脱完衣服就放在水中会吓到宝宝，所以要围着毛巾，一手托着脖子，肘部夹屁股，另一只手洗。

3 堵住耳朵。耳朵里进水会导致中耳炎。用托着脖子的手的拇指和中指分别在两耳后方将耳廓压向前方，盖住外耳道，阻止耳朵里进水。

①

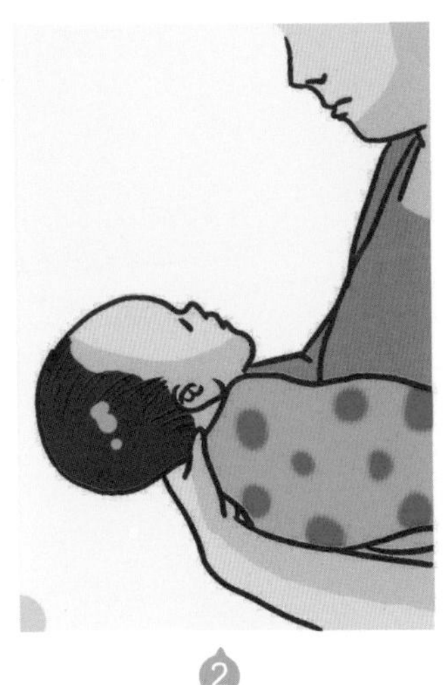

②

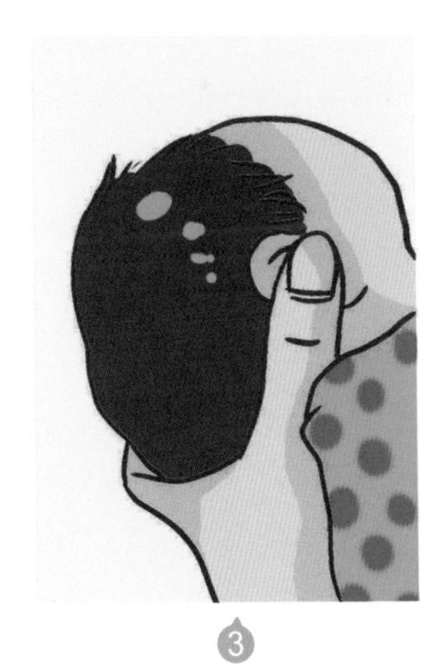

③

❀ 擦脸、洗头发

1 擦脸。以眼睛、鼻子、嘴巴、耳朵的顺序擦脸。在闭眼时从里往外擦眼屎。

2 洗头发。弄湿头发，用手弄出泡泡后，从前往后地抚摸着洗头发。用手指温柔地按摩头皮。耳朵只擦外耳道部分。

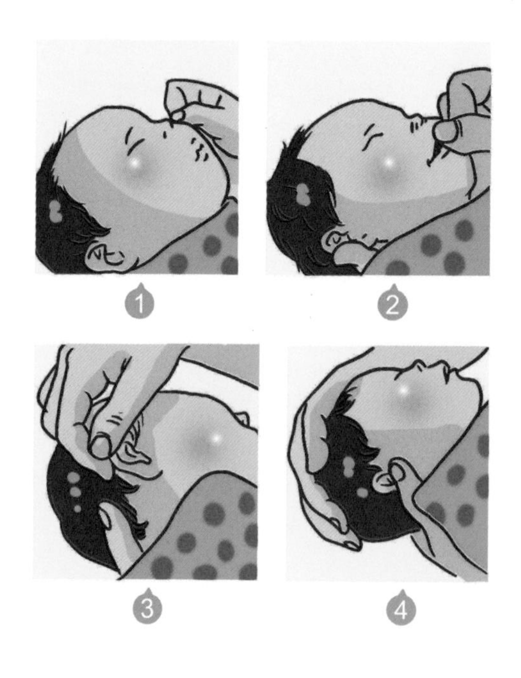

❀ 全身洗澡

1 放入浴池。拿下围着孩子的毛巾后，从脚慢慢地放入水中，让宝宝坐在一边。

2 洗澡。若是右撇子就用左胳膊，若是左撇子就用右胳膊托着孩子的后背和脖子。按脖子、腋下、肚子、胳膊、手、腿、后背的顺序来洗。

❀ 冲洗、擦干

1 冲洗。洗完澡后，小心地把冲洗水倒在宝宝的肚子上冲洗。最后全身浸在干净的水里 10 秒左右再拿出来。

2 擦干。把宝宝放在毛巾上，用毛巾围住全身，轻拍擦干。胳膊和腿要按摩着擦洗，手指一个个张开着擦。

给新生儿换尿布

宝宝从出生后即开始排尿，乳汁充足时每天小便在 6 次以上。因此，新妈妈要给宝宝勤换尿布。下面我们就来一起学习换尿布的方法吧。

1 从宝宝屁股下面伸进手，用手掌托住宝宝的腰部稍微抬起屁股，在屁股下铺上新尿布。屁股放在尿布中央的前面。

2 调节尿布的高度，不要盖住肚脐，留下一点空间左右对称地贴。男宝宝的阴囊下面容易潮湿，要往上推阴囊，再包上尿布。

3 肚子要留点空间，后背要刚好戴上尿布，这样宝宝会感觉舒服。

4 大腿的尿布没有褶或集中在一侧的话，大小便很容易漏出。最后需要检查一下尿布是否太松或太紧。

需要注意的是，在换尿布时，不要过分拉宝宝的腿，否则会导致脱臼，最好是抬起宝宝的屁股来换尿布。

重视新生儿的心理保健

1 经常和宝宝对视。新生儿大脑有上千亿的神经细胞期盼着从“窗户”进入信息。被妈妈倍加关注的宝宝比较安静、易笑，很容易形成良好的性格。

2 经常和宝宝说话。当宝宝醒着的时候，应该轻轻呼唤其名字，并温柔地跟宝宝说话，如果宝宝能够经常听到妈妈亲切的声音就会感到安全、宁静。

3 经常给宝宝做抚触。爸爸妈妈温柔的抚摸能够使宝宝感受到爸爸妈妈的关爱，并会默默地传递到宝宝的身体、大脑和心里，对宝宝的智力及健康的心理发育会起到催化作用。

抚触的顺序一般是从宝宝的头部开始，然后再到身体的其他部分，最后是四肢。具体顺序是：前额、下颏、头部、胸部、腹部、上肢、下肢、背、臀部。当然，只要宝宝不反感，并且能达到亲子抚触的效果就行了。

前额：宝宝仰卧，妈妈（或爸爸）的拇指指腹从宝宝的眉心处向外侧滑动，止于两侧发际，从眉心处开始抚触全部的前额皮肤。

注意事项：如手部有润肤油，千万不要揉到宝宝的眼睛里。

下颏：妈妈（或爸爸）的双手拇指指腹从宝宝的下颌中央向外，向上滑动，止于耳前。

头部：妈妈（或爸爸）一只手托宝宝的头，另一只手从宝宝一侧的前发际抚向后发际，到耳后部停止，再换另一侧照此动作开始。

注意事项：托宝宝的头部时，要注意他的脊柱和颈部的安全。

胸部：妈妈（或爸爸）的双手指腹分别由宝宝的胸部外下侧抚向对侧外上方（似 X 形），到肩部停止。

注意事项：不要对宝宝的关节处施加压力。

腹部：妈妈（或爸爸）的手掌自宝宝的左上腹滑向左下腹，然后自右上腹滑向左上腹，再滑向左下腹。最后自右下腹经右上腹、左上腹滑向左下腹。

注意事项：按照顺时针的方向对宝宝进行抚触，可以促进宝宝的消化。如果宝宝的脐带还未脱落，就尽量不要触碰。

上肢：自上臂至腕部轻揉，然后抚触宝宝的手掌、手背和各手指。

注意事项：在抚触上肢时，妈妈（或爸爸）要自如地转动宝宝的手腕、肘部、手指等处的关节，否则宝宝会感觉疼。

下肢：妈妈（或爸爸）自宝宝的大腿根部至足踝轻揉，然后延至足底、足背及脚趾。

注意事项：不要在宝宝的关节部位施加压力。

背部：使宝宝俯卧，自颈部至骶尾部沿脊柱两侧向外侧先做横向抚触，再做纵向抚触。

注意事项：不要在宝宝的关节部位施加压力。

臀部：妈妈（或爸爸）的双手在宝宝的两侧臀部同时做环形抚触。

第8~28天 最为敏感的时期

母乳喂养是哺育宝宝最自然的方式，但并不是每个新妈妈都能顺利掌握。这时候的宝宝，身体各方面的情况基本稳定，大部分已经出院在家里和妈妈在一起了，做好家庭护理非常关键。

新生儿生长发育，妈妈了然于胸

现在新手爸爸妈妈们都掌握了一定的育儿常识，加上爱子心切，一发现宝宝生长发育与平均指标对比起来略有出入，就感觉不对劲，焦躁不安。因此，新手爸妈有必要了解新生儿的生长发育规律，提高自我认识的科学性。

新生儿动作的发育

动作的发育是以骨骼、肌肉、神经系统的生理发育为前提的。发育的顺序是从上部到下部，从中间到边缘，从整体到部分。新生儿的动作发育是从头开始的，全身动作发育的顺序先是头部竖直，然后依次是抬头、翻身、坐、爬、站、走、跑、跳。

新生儿出生时全身只会乱动。动作不协调，也不能改变自己身体的位置。

新生儿仰卧在床上时，头仅能向左右转动，四肢会伸缩、弯曲，做拥抱姿势。俯卧时四肢呈游泳状态，头不能抬起。到满月时能试着抬头但无力，只能使鼻部离开床面，将头转向一侧便于呼吸。竖抱时头不能竖立。由于本能的反应，小手会抓握成拳头状。

新生儿语言能力的发育

宝宝降生时的第一声啼哭，是他人生的第一个响亮的音符。哭声是新生儿表示需要的语言，是引起妈妈关注他的生理和心理上的需要，是新生儿得以生存的一个无条件反射。新生儿在哭的同时，呼吸及语言发音器官也自然地得到锻炼和发展。

新生儿期语言发育处在简单发音阶段。宝宝偶尔会吐露让人听不懂的“啊”、“喔”等音，宝宝这种“咿呀”语和真正的语言不同，它不需要去教，并不是在模仿大人，他这样做是为了听到自己的声音，他还用不同的声音表示不同的情绪。

新生儿情感的发育

新生儿出生后就具有愉快和不愉快的情感。这些情感都是与他的生理需要联系在一起的。当需要得到满足，如吃饱、穿暖、睡好就愉快；否则就会哭闹。哭的时间和次数在新生儿期最多。

新生儿生来就会笑，这是本能的笑，是生理性微笑。3周后，由于经常接受母亲的爱抚、搂抱和喂奶，注视母亲的脸，从而建立了条件反射，出现社会性微笑。每当听见人声、看到人脸就会微笑。这是依恋母亲情感的开端。

新生儿心理与个性的发育

新生儿在出生后1个月中，能通过感觉、动作、情感的发育，对外界的刺激做出各种不同的反应，这说明新生儿已开始了心理活动。但与成人相比，这种心理反应是低级的，只是一个人意识活动的开端，还处于原始的形态、刚开始起步的阶段。

新生儿出生后，父母马上就会发现，他们在个性上存在着差异。

宝宝的类型	宝宝的表现
易抚养型	有的新生儿非常老实，非常安静，比较好带养。他们睡眠时间长，肚子不十分饿就不会醒，当肚子饿了就咕噜咕噜地吃奶，也不怎么哭。宝宝吃完奶就要小便，给他换尿布时显得很高兴，然后又不知不觉地睡着了。在夜里一般再醒一两次，每次换完尿布、吃完奶又马上睡着了。这样的宝宝每天大便一般1~2次
难抚养型	有的新生儿就不那么老实，带养起来比较费劲，他们对外界刺激很敏感，有一点儿声响马上会醒，醒来后如果尿布湿了就哭，即使换了尿布，如果肚子饿了仍然哭个不停。这种宝宝如果吃母乳，吃了6~7分钟后饥饿感一消失就不再吃了，此时宝宝肚子并未吃饱。如果再硬塞奶给他吃，他就会把吃进去的奶全部吐出来，待过10来分钟他又因饿而啼哭，再吃5~6分钟才能入睡。由于每次吃奶量和吐奶量均不同，饥饿的时间也就不同，所以喂奶时间也就没有规律了

宝宝的个性受遗传因素的影响，但也与母亲怀孕期间的环境和生活方式有关，如母亲怀孕时行动活泼与否、说话声音的大小、母亲身体状况、生活的外部环境等。宝宝的个性在婴儿期表现得最充分。

科学喂养，打好宝宝一生的基础

面对嗷嗷待哺的没有满月的宝宝，妈妈既喜欢又着急，常常不知如何喂养才好。对于宝宝来说，每天最重要的事情就是吃。如何让宝宝吃好、吃饱，也是有很多学问的。最好的方法是尽量用母乳喂养。母乳喂养不但能够给宝宝提供最优质理想的食物，而且能增进母子间的感情。

母乳是否充足的判断

现在提倡母乳喂养，有很多母亲担心自己的奶水不够，怕宝宝吃不饱，那么怎样知道母乳是否充足呢？

❀ 称宝宝体重

宝宝出生后 7~10 天里，尚是生理性体重减少阶段，此后，体重就会增多。因此，10 天以后每周称 1 次，将增长的体重除以 7，得到的值如在 20 克以下，则表明母乳不足。

❀ 哺乳时间的长短

正常情况下的哺乳时间为 20 分钟左右。假如哺乳时间超过 20 分钟，甚至超过 30 分钟，宝宝吃奶总是吃吃停停，而且吃到最后也不肯放乳头，则可以断定母乳不足。宝宝出生两周后，若吃奶间隔依然很短，吃奶以后相隔个把小时就闹着要吃奶，也可以断定母乳不足。

❀ 靠母亲自己的经验

那就是乳房是否胀。乳房胀得厉害与否，则可断定母乳是否充足。

母乳不足，原因何在

很多医生都说：“大约 99% 的母亲都有足够的母乳来喂养自己的宝贝”，可不少哺乳的新妈妈却自称“奶水不足”，这是怎么回事呢？

❀ 喂养不当是导致母乳不足的主要原因

宝宝出生后，新妈妈可能因为身体虚弱、产伤等原因，没有及时让新宝宝吸吮乳房。而新妈妈分娩之后，在催乳激素的作用下，乳房开始分泌乳汁。宝宝每次吸吮刺激乳头时，都会使催乳激素呈脉冲式释放，从而促进乳汁分泌。如果这时乳房缺乏很好的吸吮刺激，催乳激素水平就会逐渐下降，乳汁也会随之减少。所以，宝宝的吸吮刺激越早，越能促进母亲乳汁的分泌。反之亦然。

❀ 气血虚弱是母乳不足的重要原因

新妈妈产后缺乳，通常是体质实者乳胀、虚者乳软。实者以通为主，一般需要一些疏肝理气活血之品；虚者则需要大补气血，以增生化之源。缺乳的新妈妈最常见的体质有以下 4 种：

缺乳的新妈妈常见 4 种体质

类型	表现
气血虚弱型	面色苍白，头晕眼花并伴心悸，无腹痛，恶露量少，色淡红，质稀无块，产后乳少，乳清稀或全无
气血淤阻型	面色青白，形寒肢冷，小腹疼痛，恶露不下或很少，色紫暗有块，乳少或乳汁不下，乳房胀满疼痛，胸口饱胀作痛，容易激怒
津亏血少型	面色萎黄，心悸少寐，肌肤不润，大便干燥并滞涩难解
脾胃虚弱型	面色无华，神倦食少，乳少并清稀，乳房柔软

怎样才能保证母乳充足

❀ 树立坚定的母乳喂养信念

有充足的乳汁，是每个做母亲的最为关心的问题。如果想使母乳增多，从怀孕时起，就应当坚定自己哺乳的决心，特别是来自母亲自身具有的哺育新生儿的强烈愿望，这是重要的内在动力。

鸡汤对于促进母乳的分泌和新妈妈月子体质的恢复效果非常显著。

❀ 产后及早开奶

通常，产后几天乳汁都不会很多。等过了四五天以后，乳汁就会大量分泌出来。因此，开始几天千万不要因乳汁少而灰心丧气。宝宝出生后，要多让宝宝吸吮乳头，以刺激乳腺分泌乳汁。产后应早喂、勤喂，坚持下去，经过三五天或十来天，奶水自然会增多。

❀ 产后均衡摄取营养

作为妈妈，应该均衡摄取营养。补充蛋白质、多种营养，多吃新鲜水果和蔬菜，多汁的液态食物等。此外，哺乳的新妈妈还应该多吃富含维生素 E 的食物，如植物油和各种坚果等，为乳房提供充足的血液，增加乳汁的分泌。

❀ 产后 3 天内饮食宜清淡

新妈妈刚生产结束后 3 天内，不宜开大荤，特别是老母鸡汤等。最适宜清淡饮食，同时补充足够的水分，多吃一些汤水类食物，如猪蹄汤、鲫鱼汤、丝瓜汤等，有利于乳汁的分泌。

❀ 产后 4 天后宜选择吃通乳食物

产后第 4 天开始，可适当加强营养，选择有通乳作用的食物，如榴莲、豆制品、黑芝麻、燕麦粥、玉米须水、木瓜花生红枣汤等。

6 种催乳食物推荐

食物	催乳功效
莲藕	能够健脾益胃、润燥养阴、行血化淤、清热生乳。新妈妈多吃莲藕，能及早清除腹内积存的淤血，增进食欲，帮助消化，促使乳汁分泌，解决乳汁不足的难题
黄花菜	有利宽胸、下乳的功效。治产后乳汁不下，用黄花菜炖瘦猪肉食用，极有功效
茭白	有解热毒、防烦渴、利二便和催乳功效。现在一般多用茭白、猪蹄、通草同煮食用，有较好的催乳作用
莴笋	有清热利尿、活血通乳的作用，适合产后少尿及无乳的新妈妈食用，效果显著
豌豆	有利小便、生津液、通乳的功效。青豌豆煮熟淡食或用豌豆苗捣烂榨汁服用，皆可通乳
豆腐	对奶汁不足者，能补气血及增进奶汁分泌。以豆腐、红糖、酒酿加水煮服，可以生乳

此外，缺乳的新妈妈可采用一些中医中药方法进行治疗，如气血亏虚，可选择下乳涌泉散或通肝生乳汤；痰湿阻滞型，可选择苍附导痰丸或漏芦散，按医嘱服用。

忠告母乳不足的妈妈

1. 首先要有用母乳喂养宝宝的决心：欲使母乳增多，首先妈妈自身就得坚定由自己哺乳的决心。宝宝出生以后，要经常让宝宝吮乳头，以便刺激乳腺分泌乳汁。

2. 千万不要灰心丧气：通常，开始几天乳汁都不会很多。等过了四五天以后，乳汁就会大量分泌出来。因此，开始几天千万不要因为乳汁少而灰心丧气。

3. 不要随便补充奶粉：在第一周内，即使母乳很少，也尽量不要随便使用奶粉补充。因为宝宝一吃奶粉，吸奶力就会差，结果母乳也就会越来越少。

4. 不要焦躁：要保持精神愉快。心情焦躁是会影响乳汁分泌的。更要注意休息和睡眠，千万不能过度疲劳。

这些时候，宜采用配方奶粉喂养

充足的营养对宝宝的健康起着决定性的作用。如果不能用母乳喂养，只好用牛奶或其他代乳品代替。

需要人工喂养新宝宝的情形

人工喂养的情形	原因
宝宝患有半乳糖血症	这类新宝宝在进食含有乳糖的母乳后，可引起半乳糖代谢异常，致使喂奶后出现严重呕吐、腹泻、黄疸、肝脾大等症状。确诊后，应立即停止母乳及奶制品喂奶，并给予其不含乳糖的特殊代乳品
宝宝患糖尿病	表现为喂养困难、呕吐及神经系统症状，多数患病新生宝宝伴有惊厥、低血糖等症。对这种患病新生宝宝应注意少量喂食母乳，给予其低分子氨基酸膳食
妈妈患慢性病需长期用药	如甲状腺功能亢进，尚在用药物治疗的新妈妈，药物进入乳汁中，对新宝宝不利
妈妈处于细菌或病毒急性感染期	新妈妈乳汁内含有致病的病菌或病毒，可通过乳汁传给新生宝宝，对新生宝宝有不良后果，故应暂时中断哺乳，用配方奶代替
接触有毒化学物质	这些物质可通过乳汁使新生宝宝中毒，故新妈妈哺乳期应避免有害物质及远离有害环境
妈妈患严重心脏病	心功能衰竭的新妈妈，哺乳会使心脏功能恶化
妈妈患严重肾脏疾病	有肾功能不全的新妈妈，哺乳可加重脏器的负担和损害
妈妈处于传染病感染期	如新妈妈患开放性结核病，或者在各型肝炎的传染期，此时哺乳对新宝宝感染的机会将增加

喂养不当容易造成肥胖儿和瘦宝宝

个别宝宝食欲会较大，摄入过多的热量易造成肥胖。还有的宝宝食欲低下，热量摄取不足，会成为比较瘦小的宝宝。这既与家族遗传有关，也与喂养不当有关。不少妈妈总是怕宝宝吃不饱，宝宝已经几次把乳头吐出来了，妈妈还是不厌其烦地把乳头硬塞入宝宝嘴中，宝宝只好再吃 2 口。时间长了，有三种不好的结果：

1 摄入过多的奶，消化道负担不了如此大的消化工作，会罢工，导致宝宝的食量下降。

2 如果总是强迫宝宝吃过多的奶，宝宝会不舒服，形成精神性厌食。这种情况在婴儿期虽然不多见，但一旦形成，容易影响宝宝的身体健康，一定要避免。

3 宝宝的胃被逐渐撑大，奶量摄入逐渐增多，成为小胖孩。

新生儿日常照料，总是小心翼翼

宝宝出生以后，转换到另外一种全新的环境中生活，尤其是出生后1个月内，正是宝宝适应新环境的重要时期，所以需要给予特别照顾。

一般性照顾

从母亲温暖的腹中出世后，宝宝还有些不适应。宝宝的血液循环还比较差，宝宝的体温调节机制还不健全，宝宝的皮肤太稚嫩……这些都需要父母及家人给予更多的关心与爱护。

1 宝宝长牙之前，妈妈不妨在每餐喂食之后或早晚起床后、就寝前，以干净的纱布蘸水擦拭口腔内壁及牙床，让宝宝从小就习惯口腔的清洁。

2 在囟门密合之前，应尽量避免按压。

3 避免用力摇晃宝宝，以防伤害宝宝的脑部。

4 新生儿睡眠时不宜俯卧。趴着睡的宝宝患婴儿猝死症的概率较高。若考虑头形的美观，不妨采用侧睡，但要时常帮宝宝换侧睡。

5 多抱宝宝可让其产生安全感，进而建立对人的信任，也有助于培养其日后处理情绪的能力。让宝宝一个人在旁边哭，会加重他的不安全感，日后他对人际关系也会显得比较冷漠。

新生儿的面部护理

出生1个月内的新生儿，其面部极其娇嫩，对其五官的护理要动作轻、护理用品要十分干净。

❀ 眼部护理

新生儿的眼睛十分脆弱。对眼部的护理，要使用纱布、生理盐水或温开水。把纱布蘸湿，从眼内角向眼外角轻轻擦拭。如果新生儿的眼睛流泪，或有较多的黄色黏液使眼皮黏连，需请医生诊治。

❀ 鼻部护理

在正常情况下，新生儿鼻孔会进行“自我清洁”。如果空气很干燥，鼻孔里可能结有鼻屎，造成新生儿不舒服——因为他出生后头几个星期还不会用嘴呼吸。这时，妈妈可以用一小块棉球蘸湿，轻轻放入鼻孔，把鼻屎取出。这应该在哺乳前进行。

❀ 耳部护理

宝宝的耳道很小，在洗澡时若不慎进水，应把棉花捻成一小条，将新生儿的头转向一侧，对耳廓进行清洁。清洁只到耳孔为止，不宜深入，以免把耳垢推向深处而引起耳道堵塞。

❀ 口腔护理

由于口腔黏膜血管丰富柔嫩，容易受损伤，所以不能随意擦洗，以免感染。

❀ 面部和颈部护理

用棉花蘸水来洗新生儿的面颊即可。要注意颈部皱褶和耳朵后面，这些部位容易忽视，常会有些小病变，要经常清洗并且擦干。

新生儿的脐带护理

1 脐带护理要保持干燥和通风，不宜用纱布覆盖或用尿布包住。

2 脐带弄湿后，一定要用干净的毛巾将肚脐处的水分擦干。

3 脐带护理每日3~4次，包括洗完澡的那一次。

4 在护理脐带前，妈妈要洗净双手，避免细菌感染。

5 将棉花棒蘸满消毒酒精，先由上而下擦拭整条脐带，再深入肚脐底部，最后消毒肚脐周围。

6 脐带脱落后，仍要继续护理2~3天，直到肚脐眼收口、干燥为止。

7 9~10天后脐带未脱落者，或脐带脱落后渗血不止者，最好去医院就诊。出现上述两种情况后，通常宝宝的肚脐中央会长小肉芽，须就医将其处理掉，肚脐眼才会收口。

8 脐带脱落后，宝宝肚脐应定期以棉花棒蘸清水或以婴儿油轻轻清理，以保持干净。

给宝宝穿衣服

给宝宝穿衣服和脱衣服要快速，避免使宝宝受凉。

❀ 穿衣服前

1 剪下新衣服的商标。如果是贴在里面的更要彻底剪下来。商标接触皮肤会使皮肤红肿。

2 新衣服用清水漂洗。新生儿的衣服最好用干净的水漂洗后再穿，去掉可能附着在上面的灰尘或异物等。这样接触的感觉会更清爽，也容易吸汗。

3 室温升高后再脱衣服。在确定温度升高后，再迅速脱掉或换下宝宝多余的衣物。有的宝宝在脱衣服时会吓一跳，但这是0~4个月宝宝的反射反应，可以抓住宝宝的手或胳膊让宝宝安心。

❀ 穿衣服的要领

1 最好是领子宽的衣服。宝宝的头比身体大，不能从前面打开的T恤形上衣不便穿脱。最好选择领子宽的，或可从前面或肩膀方向打开的。

2 开胸衣服翻过来穿。给宝宝穿开胸衣服时要提前把衣服翻过来。将孩子的手通过翻过来的袖子，从妈妈的胳膊移动到宝宝的胳膊上，即翻成正面了，把衣服反过来就能容易地穿上了。

3 将内衣和外衣重叠后一次性穿上。内衣和外衣分着穿会比较辛苦。外衣和内衣的袖子重叠，这样宝宝的胳膊能更容易地通过后一次性穿上。

4 妈妈的手最好放在扣子下面扣扣子。穿着衣服扣扣子容易压迫到宝宝娇嫩的皮肤，所以，妈妈的手指要伸到宝宝的衣服下面或往前拉衣服再摁扣子。

❀ 不同月份的穿衣法则

1 0~3个月。宝宝在温暖的被窝里度过，只穿产衣或是用围巾围住就可以了。

2 4~6个月。宝宝不停地动，睡觉时也动，所以要穿怎么动也不会露肚子的衣服，如连体服等。

3 7~12个月。宝宝爬或走的动作明显增多，所以宝宝会出很多汗。妈妈要注意经常给宝宝换衣服。可分着穿上衣和下衣。

照护宝宝的睡眠

充足的睡眠对宝宝的生长发育至关重要。宝宝神经细胞的功能还不健全，容易疲劳，而睡眠是对大脑皮层的保护性抑制措施，通过睡眠使得神经细胞中的能量得到恢复和储备，让大脑得到休息。

一般新生儿一昼夜的睡眠时间为18～20小时，2～3个月为16～18小时，5～9个月为15～16小时，1岁为14～15小时，2～3岁为12～13小时，4～5岁为11～12小时，7～13岁为9～10小时。为数很少的宝宝在最初几个月里格外易惊醒，若精神看上去好，父母也不必多虑。

但如果宝宝睡眠不足，宝宝会哭闹不止，烦躁不安，食欲欠佳，体重下降。

为让宝宝睡得更好，应注意以下几点。

1 要养成良好的睡眠习惯，按时睡觉；衣服和被子不要太厚；睡前不要过分逗玩宝宝，不要让他太兴奋而难以入睡。

2 要培养宝宝自己在床上睡眠的习惯，不要由妈妈拍着、哼着小调入睡后再放到床上。也不要含着乳头、吸吮手指睡。

新生儿的正确包裹法

为了新生儿的保温，必须给宝宝进行包裹。包裹是非常讲究的。在北方普遍用棉被包裹宝宝，有时为防止宝宝蹬脱被子而受凉，父母还常常将包被捆上2～3道绳带，认为这样既保暖，宝宝睡得又安稳，其实却没想到包裹过紧会妨碍宝宝四肢运动，宝宝被捆绑后，手指不能碰触周围物体，不利于新生儿触觉发展。

同时，由于捆得紧，不易透气，出汗容易使皱褶处皮肤糜烂，给宝宝造成许多痛苦。宝宝包裹应以保暖、舒适、宽松、不松包为原则。用宝宝睡袋来替代包裹，这是一个很好的办法，可以避免对宝宝造成束缚，又不影响宝宝的生长发育。

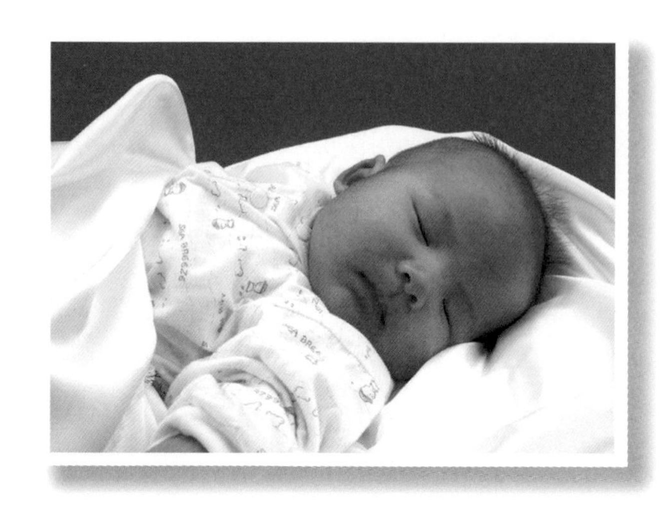

宝宝的睡觉房间最好保持适当温度、湿度和光线，宝宝才会睡得又香又甜。

新生儿“胎垢”与胎脂

❀ 可以清除“胎垢”

有些宝宝，特别是较胖的宝宝在出生后不久，头顶前囟门的部位，有黑色或褐色鳞片状融合在一起的皮痂，且不易洗掉，俗称“胎垢”。这是皮脂腺所分泌的油脂及灰尘等组成的，一般不痒，对宝宝健康无明显影响，无须清除。

“胎垢”不易洗掉，有些爸爸妈妈用香皂、沐浴液清洗都无济于事，而且还会刺激宝宝的娇嫩皮肤。可以在宝宝洗澡前用脱脂棉蘸宝宝按摩油轻轻涂抹在胎垢处，等洗澡结束时，用脱脂棉蘸水轻抹，两三次后头垢基本都可清除，清除手法要轻柔。

❀ 不要清除胎脂

新生儿皮肤细嫩，需在逐渐生长发育中达到成熟，因其不成熟，角质层薄嫩，容易损伤，可成为全身感染的门户。于是新生儿出生后，皮肤上会覆盖着一层灰白色胎脂，胎脂是由皮脂腺的分泌物与脱落的表皮形成的，有保护皮肤的作用，在出生后数小时内渐渐被吸收，因此不必洗掉。

新生儿生殖器官的保护与清洁

❀ 保护男婴生殖器的方法

男婴睾丸内产生精子和雄性激素的组织结构尚未发育完全，抗病能力也较弱，一旦遭受损伤，会影响成年后的生育能力。所以父母不要抱宝宝到有物理辐射、放射线及有害化学物质等污染的地方去，并应预防各种微生物（如细菌）感染。

男婴阴茎包皮长而且外口较狭小，包皮内层的分泌物和尿液容易存在包皮内，使细菌在此处繁殖，发生感染。父母应经常为宝宝清洗，一旦发现宝宝患有睾丸炎、包皮龟头炎等生殖器疾病症状，应及时就医，以免延误诊治。

❀ 清洁男孩外阴部的方法

用一块湿布或棉球把残留在龟头内的尿液清除，从大腿皱褶向阴茎的方向清洁，不要强行将包皮往后拉。

用一只手握住宝宝双腿，并提起来，清洁其臀部，直至干净。握宝宝双脚时注意，要用一个手指垫在他的两足跟之间，以防他的两内踝相互摩擦。如果尿布弄脏了要换，可先用尿布干净处尽量将粪便擦掉，再使用湿巾擦拭。

❀ 清洁女宝宝外阴部的方法

女宝宝的尿道较短，如果不注意卫生，细菌可以经较短的尿道进入膀胱，引起泌尿系统炎症，而阴道口也时常留有少量分泌物，若不加清洗，将为细菌繁殖创造有利条件，引起生殖器官炎症。女宝宝清洗外阴部一般在就寝前或者大便后进行。外阴部一般用温水清洗即可，水温太高容易烫伤。母亲的用具和宝宝的用具要分开。

呜哇呜哇，宝宝不适与疾病应对

宝宝离开妈妈安全的子宫来到人间，即脱离了母体单独置身一个新的环境，一切需要靠自己去适应，由于宝宝的生理功能还没有发育完善，很容易出现各种疾病，需要爸爸妈妈掌握各种疾病的预防与护理技巧。

宝宝的哭声解读

在新生儿期，可以说宝宝除了吃、睡、尿、排泄，最多的就是哭了。宝宝出生后第一阵响亮的啼哭，是令人欣慰的。通常新生儿以不同哭声来表达他的要求和不适。无论是饿了、冷了、热了、尿湿了、不舒服了、生病了，他（她）都可能用哭来表示。如何辨别这些哭声呢？爸爸妈妈应细心寻找哭的原因。

宝宝的哭声表现	反映的健康状况
哭声洪亮，哭时头来回活动，嘴不停地寻找，并做着吸吮的动作。只要一喂奶，哭声马上就停止。而且吃饱后会安静入睡，或满足地四处张望	宝宝感到饥饿了
哭声会减弱，并且面色苍白、手脚冰凉、身体紧缩。这时把宝宝抱在怀中温暖或加盖衣被，宝宝觉得暖和了，就不再哭了	宝宝感到冷了
宝宝哭得满脸通红、满头是汗，一摸身上也是湿湿的，被窝很热，或宝宝的衣物也湿透了，那么减少铺盖或减衣服，宝宝就会慢慢停止啼哭	宝宝感到热了
宝宝睡得好好的，突然大哭起来，好像很委屈似的，赶快打开包裹，原来尿布湿了，换块干的，宝宝就安静了	尿布湿了
宝宝睡得好好的，突然大哭起来，好像很委屈似的，打开包裹，发现尿布并没湿，给宝宝换个体位，他（她）又接着睡着了	宝宝做梦了，或对一种睡姿感到不适了
宝宝不停地哭闹，用什么办法也没有用。有时哭声很尖直，伴有发热、面色发青、呕吐，或是哭声微弱、精神萎靡、不吃奶	宝宝生病了
出生后就哭声低弱，呈呻吟声，有时不哭，终日沉睡	这是病情垂危的样子

新生儿生理性黄疸与病理性黄疸的区别

新生儿黄疸是新生儿期常见的现象，它包括生理性和病理性两种。新生儿黄疸的发生与胎龄和喂养方式均有关，早产儿多于足月儿，母乳喂养儿多于人工喂养儿、延迟喂养儿，呕吐，寒冷、缺氧、胎粪排出较晚等均可加重生理性黄疸；新生儿溶血症、先天性胆道闭锁、新生儿败血症、婴儿肝炎综合征等可致病理性黄疸。

	生理性黄疸	病理性黄疸
症状出现时间	在出生后2~3天出现	黄疸出现较早，出生后24小时内就出现黄疸
程度表现	皮肤、黏膜及巩膜（白眼球）呈浅黄色，尿的颜色也发黄，但不会染黄尿布	黄疸程度较重：皮肤呈金黄色或暗褐色，巩膜呈金黄色或黄绿色，尿色深黄以致染黄尿布，眼泪也发黄
消退时间	足月儿黄疸一般在出生后10~14天消退，早产儿可延迟到3周才消退，并且无其他症状	黄疸持续不退：足月儿黄疸持续时间超过2周，早产儿超过3周。黄疸消退后又重新出现或进行性加重
治疗	生理性黄疸可自行消退，不必治疗	可引起大脑损害，一旦出现以上症状，均应及早到医院接受检查、治疗

新生儿生理性腹泻与病理性腹泻的识别

新生儿腹泻是新生儿期最常见的胃肠道疾病，又称新生儿消化不良及新生儿肠炎。新生儿腹泻又分为生理性腹泻和病理性腹泻，由于新生儿的胃肠比较脆弱，容易生病，因此容易出现腹泻的现象。没有经验的新妈妈会心急火燎地抱着宝宝上医院，以为宝宝患了病理性腹泻。那么，如何区别这两种腹泻呢？

生理性腹泻与病理性腹泻的区分

	生理性腹泻	病理性腹泻
出现症状的原因	在出生后不久出现，可能与宝宝吃奶较多、宝宝出现小肠乳糖酶的相对不足或母乳中前列腺素E含量较高有关	由一种或多种不同的病原体引起，如致病性大肠杆菌、真菌、轮状病毒等
易患人群	多发生在母乳喂养的宝宝，大多是过敏体质、虚胖、常有湿疹的婴儿。宝宝看着会显点虚胖，同时面部、耳后或发际处往往伴有奶癣	平时体弱、营养不良或长期服用抗生素的宝宝
患者年龄特点	在6个月以内的宝宝比较常见，尤其是初生的宝宝，年龄越大，患此病的概率越小	在5~11个月发病率最高
大便的表现	腹泻出的大便稀薄呈稀水样，甚至会带奶瓣或带少许透明黏液，经常在喂完奶后就会大便	症状各有特点，大多为感染性腹泻，有发热现象、粪便有异臭、有黏液或脓血
腹泻的次数	患有生理性腹泻的宝宝大约2周后大便依然会持续性稀薄、大便次数增多、稀黄或为绿色稀便。宝宝食欲好，不呕吐无发热，体重增加不受影响，无其他异常	大便次数频繁

智能开发，给你一个聪明的宝宝

很多妈妈会问，“为什么别的宝宝那么聪明，我的宝宝就比不上他们呢？”其实，宝宝的智力应该从一出生就要开发了。如果你的宝宝从出生3个月起开始进行智力开发，那么，你的行动就已经晚了3个月，你的宝宝的潜能开发就落后于别的宝宝3个月了。

做好智能发育监测

宝宝满月时，最好能安排一次智力测验，了解宝宝的智力发育水平。

婴儿期最好每3个月进行一次智力测验；幼儿期每一年进行一次智力测验。每次测验后，均应做详细的记录，动态地监测宝宝的智力发育过程。

每次测验后都应根据测验结果，分析大动作、精细动作、适应能力、语言和社交行为每个方向，以及整个智能的实际发育情况，并根据结果提出相应的训练措施。

语言能力训练

❀ 对答发音

方法 在宝宝啼哭之后，如果父母发出与宝宝哭声相同的声音，这时宝宝会试着再发声，几次回声对答，宝宝便会喜欢上这种游戏似的叫声，渐渐地学会了叫而不是哭。这时父母可以把口张大一点，用“啊”来代替哭声诱导宝宝对答，渐渐地宝宝发出第一个元音。

目的 宝宝2～3周时，就会发出“哦、哦”的声音来回答妈妈的问话，你说得越多，宝宝的语言反应就会越多。

注意 如果宝宝无意中出现另一个元音，无论是“啊”或“噢”，都应以肯定、赞扬的语气用回声给予巩固强化，并且应当记录。

动作能力训练

❀ 头竖立

方法 将宝宝置于仰卧位，爸爸妈妈握住宝宝的手腕，轻轻地缓慢拉起，宝宝的头一般是前倾或后垂，特别是快满月时，每天可练习2～3次，有时宝宝的头可竖起片刻。以此锻炼他的颈部和背部肌力。

目的 训练颈肌、背肌力量。

注意 爸爸妈妈拉起宝宝时，一定要注意保护好宝宝的颈部。

视觉能力训练

❀ 认识红色

方法 宝宝睡醒以后，用一个鲜红色的玩具，如一个红色的绒布娃娃、十几厘米大的球等逗引他，看他有无视觉反应。宝宝看到玩具后，盯住它看。妈妈把玩具慢慢地移动，让宝宝的视线追随玩具移动，玩2～5分钟。

目的 宝宝刚出生时，两只眼睛还不能完全集中在一个物体上，“视觉集中”是认识世界的开端，这些训练有助于这一能力的发展。

注意 每次给宝宝追视玩具的时间不能过长，一般1～2分钟，否则会引起宝宝视觉疲劳。宝宝眼睛和追视的玩具的距离应保持在15～20厘米。

听觉能力训练

喂奶是母亲与宝宝沟通的最好时机。妈妈要一边喂奶，一边与宝宝说话，宝宝饿了，吃奶时非常高兴，再听妈妈的声音，自然很喜欢，也有助于培养母子感情。

❀ 听小铃铛的声音

方法 将摇铃放在宝宝一侧摇，节奏时快时慢，声音时大时小，不让宝宝看到铃，注意其对铃声有无反应，是否用眼睛寻找声源。

目的 用这种方法，可检查宝宝的听力是否正常。

注意 如果宝宝向声音传来方向转头，就应该给予宝宝鼓励。

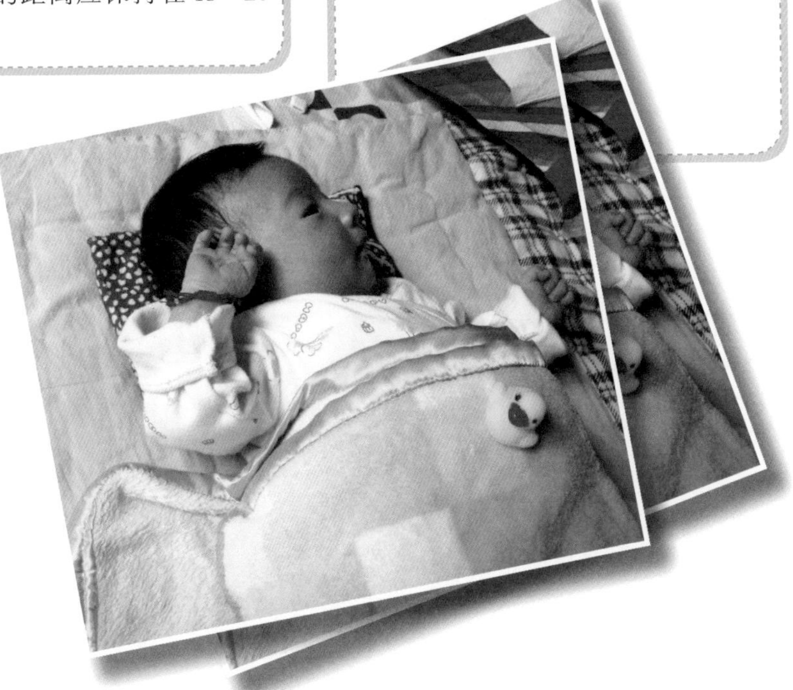

你是哪种类型的父母

为人父母者，类型多种多样。有的父母对宝宝十分溺爱，无论宝宝怎么做，都认为是对的；还有的父母认为宝宝必须遵守父母制定的规矩，奉行“养不教，父之过；教不严，师之惰”的准则。

那么，你又是哪种类型的父母呢？一起来测一测吧！

1. 当你知道宝宝说谎了，但是他还是不承认，你会：

A. 给他讲《狼来了》的故事，让宝宝认识到自己的错误。

B. 继续下去，让他的谎言随后不攻自破。

C. 直接戳穿他的谎言，并批评教育，让他认识到自己的错误。

2. 宝宝摔倒了，哭闹着不肯起来，你会：

A. 赶紧把他抱起来，然后跺跺脚说：“谁让你把宝宝摔倒了，看我踹你！”

B. 对宝宝说：“妈妈相信你可以自己起来！”

C. 视而不见，知道宝宝闹够了会自己爬起来。

3. 宝宝嚷着要吃雪糕，但是这两天他正肠胃不舒服，你会：

A. 给宝宝讲吃雪糕会让身体更加不舒服，让他选择别的零食。

B. 给他买小点的雪糕，以满足他的要求。　　C. 直接给宝宝买一个果冻。

4. 为了让宝宝听话，你会：

A. 经常和他讲道理。　　B. 放任自由，相信宝宝可以从你身上学会很多东西。

C. 采用威胁或者许诺奖赏的方法。

5. 你认为最浪漫的假期是：

A. 在家里和宝宝在一起。

B. 在一家酒店俱乐部里，宝宝有自己的小圈子和小伙伴。

C. 全家在美丽的蒙古包或者漂亮的森林小屋里度过。

测试结果

选择A多的父母：**你是“保护型”的父母。**你们对宝宝不放心，担心自己的疏忽会伤害宝宝，一切都为宝宝着想，但是这会让宝宝感到压抑。在与宝宝保持亲密关系的同时，请多给宝宝一些空间。

选择B多的父母：**你是“放任型”的父母。**你的观念开放，喜欢自由，一般对宝宝不会过分干涉。但宝宝毕竟太小，没有能力分辨善恶美丑，需要父母做积极正确的指引。

选择C多的父母：**你是“支配型”的父母。**你们坚持宝宝尊重你的权威。这使得宝宝特别希望能与父母进行沟通。你应该适当考虑宝宝的要求，并放手让他自己去做。

小生命总能给人无限惊喜：2～12个月的宝宝养育

度过了让新妈妈手忙脚乱的新生儿期，宝宝的吃喝拉撒越来越规律了，身体和心灵也迅速地发展起来，因此，了解2～12个月宝宝的发育特点，随时满足他的需要，是培养宝宝聪明、健康成长的第一步。

第2个月 宝宝在咿咿呀呀中学说话

这个月的婴儿熟练地吸吮奶以后，体重比 1 个月之前明显增加了，个子也长高了不少。总想自己活动手脚，听觉、视觉等感觉器官发育得很好，睡眠时间有所减少。这个时期父母最重要的就是陪宝宝玩耍，这将有助于促进宝宝的智力发育。

宝宝的生理特征与生长发育

本阶段宝宝的发育很快，已经完全脱离了新生儿的特点，变得有模有样，不再是刚出生的小毛孩了。

宝宝的动作发育

宝宝到了这个月，身上显得胖了，而且双脚蹬踹有力，有时踹得床板拍拍作响。宝宝的双手活动更灵活。经常会本能地将手伸到头部、用手抓挠眼睛、耳朵，最后将手伸进口中吸吮。虽然尚不能有意识地活动手指，如有东西碰到小手时，也会无意识地抓紧往嘴里塞。如果给宝宝小玩具，宝宝可无意识地抓握片刻。要给宝宝喂奶时，宝宝会立即做出吸吮动作。

宝宝的语言发育

2 个月大的宝宝，在有人逗时，会发笑，并能发出“啊”、“呀”的语音。一旦发起脾气来，哭声也会比平常大得多。这些特殊的语言是宝宝与大人的情感交流方式，爸爸妈妈应对宝宝这种表示及时做出相应的反应。

宝宝的感觉发育

当听到有人与宝宝讲话或有声响时，宝宝会认真地听，并能发出“咕咕”的应和声，会用眼睛追随走来走去的人。

如果宝宝满 2 个月时仍不会哭，目光呆滞，对背后传来的声音没有反应，应该检查一下宝宝的智力、视觉或听觉是否发育正常。

宝宝的心理发育

2 个月的宝宝开始有了自己的情绪，喜欢听柔和的声音；会笑；对外界的好奇心

与反应不断增长；开始用“咿呀”的发音与人对话。

2个月宝宝的记忆力已经萌发，喜欢看经常接触的熟悉面孔，当妈妈和他说话时，他的双眼能紧紧盯着妈妈的脸，有时还会有微笑。此时的微笑已属于社交性感情表现。开始对母亲表现出依恋。当饥饿、受冻、大便污染时则啼哭吵闹。当身体受到束缚、活动受到限制时会大声哭叫，手脚乱动。

这个时期的宝宝最需要人来陪伴，当他睡醒后，最喜欢有人在他身边照料他、逗引他、爱抚他，与他交谈或玩耍，他才会感到安全、舒适和愉快。

宝宝的营养

在这个时期，妈妈要坚持用母乳喂养自己的宝宝。母乳喂养，即使宝宝吃多了也没关系。用配方奶粉喂养宝宝时，要注意不要让宝宝吃奶过量。

如何判断宝宝是否吃饱了

新生儿时期，宝宝不会说话，无法用语言表达自己的想法。而新妈妈又经验不足，所以我们常常看到：一些宝宝因进食过多而导致消化不良、腹胀、腹泻，甚至造成宝宝消化系统的功能紊乱；也有一些宝宝因吃奶过少导致营养不良，影响生长发育。

怎样才能知道宝宝是不是吃饱了呢？这里介绍几种判断方法：

1 观察乳房及宝宝吃奶情况。如果乳房胀满，表面静脉显露，用手按时，很容易将乳汁挤出，宝宝吃奶时能听到咕噜咕噜的咽奶声，表示奶量充足；反之，宝宝吸奶时要花很大力气，或吃完后还含着乳头不放，或猛吸一阵便吐出乳头进而哭闹，则表明宝宝没有吃饱。

2 观察睡眠情况。正常的宝宝吃饱后会有一种满足感，能安静入睡2～4个小时。如果吃完奶后他／她仍哭闹不安，或睡不到一两个小时又醒来哭闹，说明没吃饱。

3 体重测试。新生儿时期，宝宝每天体重增加30克。爸爸妈妈可以每周给宝宝称一次，如体重增加在200克以上，说明宝宝吃足了。

4 观察大便形状。大便的颜色和形状可反映宝宝的饥饱程度。母乳喂养的宝宝纸尿裤上经常有少量大便，如大便呈金黄色，似软膏状，每天2～4次，表示能吃饱；如大便呈绿色，量少，并含有大量黏液，说明宝宝没吃饱。

5 观察小便。母乳喂养不添加任何其他辅食的宝宝，一天如有6次以上小便，而且尿呈无色或淡黄色，说明奶量充足。如果妈妈给宝宝饮水或其他饮料，就另当别论了。

宝宝安静就是不饿吗

并不是所有的宝宝饿了就会大哭，有些宝宝属于安静型，即使饿了也不会哭叫，有时需要妈妈唤醒才知道要吃奶。这种类型的宝宝除了睡得多醒得少以外，没有疾病的其他表现，面色红润，呼吸平稳。这往往会使妈妈产生错觉，认为宝宝不饿，不用管他/她。长期下去，宝宝会因为缺乏营养而影响生长发育。对安静型的宝宝，妈妈更要留心关注宝宝的每一个小变化，护理更要精心。

如何为宝宝选择适宜的配方奶粉

市场上奶粉种类很多，妈妈在为宝宝购买配方奶粉时，应选择最适合宝宝健康成长的奶粉。主要需要考虑以下方面：

1 奶粉配方中的营养素种类。奶糖配制量越接近母乳越好，宝宝食后睡得香，食欲也正常，无便秘、无腹泻，体重和身高等指标正常增长。

2 根据宝宝年龄选择。宝宝在生长发育的不同阶段需要的营养是不同的，例如，新生儿与7~8个月的宝宝所需要的营养就不一样。奶粉说明书上都有适合的月龄或年龄，可按需选择。

3 根据宝宝健康情况选择。有的宝宝对牛奶蛋白过敏、对乳糖不耐受，或由于早产对营养有特殊需求，需要选择有治疗意义的配方奶粉。如早产儿可选早产儿奶粉，待体重发育至正常（大于2500克）后再更换成宝宝配方奶粉；患有慢性腹泻导致肠黏膜表层乳糖酶流失、有哮喘和皮肤疾病的宝宝，可选择脱敏奶粉（黄豆配方奶粉）；缺铁的宝宝，可补充高铁奶粉。

4 优质的配方奶粉。选择知名度高、有信誉的厂家。由于配方奶粉的基础粉末是从牛奶中提取的，奶源的好坏就非常重要了。选择奶粉时，最好了解奶源的出处。天然牧场喂养的奶牛是最佳奶源。

5 观察产品包装。无论是罐装奶粉还是袋装奶粉，妈妈在购买时都不能忘记观察产品包装。主要浏览包装上其配方、性能、适用对象、使用方法所做的文字说明，与判断该产品是否符合自己的购买要求。此外，还要察看制造日期和保质期、有无漏气、有无块状物体等，判断所要购买的奶粉是不是合格产品，是否已经变质。

配方奶粉作为部分的宝宝第一"口粮"，其营养成分的特点与初生儿营养需求相匹配，是无法纯母乳喂养的情况下最好的选择。

小小肢体的语言大学问

宝宝从脱离母体发出哇哇啼哭的那一瞬间开始，便有了独立表达的欲望。虽然他还不会说话，无法直接表达自己的需要，可他的摇头、点头、挤眉弄眼等动作也是表达自己想法的一种方式。

撅嘴——宝宝尿尿了

宝宝噘嘴通常表示“我撒尿了”或“我的尿布湿了”。有研究表明，男宝宝多以撅嘴来表示小便，而女宝宝则多以咧嘴或紧含下嘴唇来表示。此时新妈妈如果能及时观察到宝宝的嘴形变化，了解宝宝要小便时的表情，就能摸清宝宝小便的规律，从而加以引导，有利于培养宝宝的自控能力和良好的习惯。

眼神呆呆的——可能身体不适

身体健康的宝宝，其眼睛总是炯炯有神、灵活转动的，如果有一天突然发现宝宝的眼神黯然无光、呆滞少神，很可能是因为其身体不适。这时，新妈妈就应该特别细心地观察和注意宝宝的身体情况，如发现问题要及时去医院，以免耽误了最佳治疗时间。

伸舌头、吐泡泡——很惬意

如果宝宝一个人躺在床上时总是不停地伸舌头、吐泡泡，新妈妈不要以为宝宝饿了，恰恰相反，这是宝宝心情好的表现。

多数宝宝在吃饱、换了干净尿布且还没有睡意时，就会自得其乐地玩弄自己的嘴唇、舌头，并做出吐气泡、吮手指等动作。

做敏感妈咪，积极回应宝宝的肢体语言

妈妈平时可以多观察宝宝，在与宝宝相处的过程中，妈妈要细心领会宝宝各种肢体语言的真正含义，并对宝宝的肢体语言做出积极的回应。你的积极回应会促进宝宝肢体语言的进一步发展，对更好地调动宝宝人际交往的积极性非常有好处。

伸展双臂，上身前倾——要抱抱

新妈妈是否有过这样的经历：想让宝宝躺在床上睡觉，给自己找点时间干别的事，却发现宝宝总是在吃力地伸展双臂，上身前倾，即使累得呼哧呼哧也不放弃，还时不时地看你一眼？遇到这样的情况时，说明宝宝不愿意一个人静静地躺着，他想让妈妈抱起来。

宝宝的日常照料

1~2 个月的宝宝处在人生最脆弱的阶段，为其提供日常照料，保证宝宝舒适、健康、安全地成长，对其生长发育、心理健康所起的作用是极其深远的。

为宝宝创造良好的居住环境

1 朝向。新生儿的房间最好选朝南的，这种房间阳光充足。当新生儿太小不能抱到室外晒太阳时，在朝南的房间中打开玻璃窗，让阳光照射进来就可以了。日照好的房间比较暖和，容易达到新生儿居室的温度要求。

2 室温。保持室温在 20℃～24℃之间。在这样的温度条件下，宝宝不会因寒冷而过多耗能，也不会因室温过高导致脱水，造成宝宝体温居高不下，出现惊厥等。为维持室温，夏季应注意房间通风，但不要让穿堂风直吹宝宝。室温过高时，可用电扇吹墙壁、湿布拖地、开空调等来调节。空调不要 24 小时连续开机，一般在白天可以间断开几次，夜晚开窗通风即可。

3 光照。室内的光线最好能调节，当宝宝睡眠时，光线应适当地调暗一些。当宝宝醒着时，适当把光线调亮一些，这样可以让宝宝熟知昼夜规律。

4 安静。对新生儿来说，过大的声音对他来说无异于恶性刺激。爸爸妈妈应在宝宝出生前了解居住的周围是否有装修工程将要实施。

5 安全。现在很多家庭小两口奋斗几年才有了自己的家，千方百计地把它装修得富有现代气息，但别忘了新家中很多地方会造成环境污染，起码一年半载后，新居中没“味”了，对宝宝才可谓安全。家中有人吸烟，烟雾中的各种有毒元素对新生儿都会造成伤害。新生儿居室中还不宜铺地毯。地毯内藏的灰尘和螨虫，不但会致病，还会致敏，成为宝宝哮喘的根源。

宝宝的四季护理重点

季节	护理要点
春季	1. 春季气温不稳定，要随时调整室内温度，尽量保持室温恒定 2. 春季北方风沙大，扬尘天气不要开窗，以免沙尘进入室内，刺激新生儿的呼吸系统，引起过敏、气管痉挛等病症 3. 春季空气湿度小，室内要开加湿器，保持适宜湿度 4. 春季是带宝宝进行户外活动的好季节。天气好的时候可以带宝宝去郊游，但要注意安全 5. 对于过敏体质的宝宝来说，春季可能会在手足等处长出红色的小丘疹，这就是春季出现的湿疹。有明显的瘙痒感，但一般不需要特殊处理
夏季	1. 母乳是新生儿夏季最好的食物。如果是人工喂养的话，一定要注意卫生和安全，不要吃剩奶 2. 及时补充水分，人工喂养的新生儿更要注意 3. 保持适宜的温度，补充充足的水分，预防新生儿脱水热 4. 新生儿出汗后要用温水洗澡；皮肤褶皱处可用鞣酸软膏涂抹；注意喂养卫生，新生儿腹部不要着凉，防止腹泻 5. 夏季蚊蝇较多，细菌容易繁殖，食用熟食一定要倍加小心。放在冰箱里的熟食，要经过高温加热后才能给宝宝吃 6. 夏季阳光中紫外线指数大，应注意避光防晒。尤其要注意对宝宝眼睛的保护
秋季	1. 秋季是新生儿最不易患病的季节，唯一易患的疾病是秋季腹泻，要注意预防 2. 秋季出生的新生儿，因为很快进入冬季，把新生儿抱出室外接受阳光浴的时间减少，因此秋季就要及时补充维生素 D，出生后半个月即开始补充 3. 由于宝宝的体温调节中枢和血液循环系统发育尚不完善，不能及时适应外界的急剧变化，所以妈妈不要过早给宝宝增减衣服，每天要根据天气变化给宝宝增减衣服 4. 当宝宝出汗时，不要马上脱掉衣服，应该先给宝宝擦干汗水，再脱掉一件衣服 5. 选用宝宝专用的护肤品。应选择不含香料、酒精及无刺激的润肤霜
冬季	1. 冬季气候寒冷，但室内有很好的取暖设备，反而不易造成新生儿寒冷损伤。但室内空气质量差，湿度小，室温过热，容易造成新生儿喂养局部环境不良 2. 南方冬季气候温和，但阳光少，室内缺乏阳光照射，有阴冷的感觉。南方建筑多不安装取暖设备，大多数家庭使用空调取暖。空调取暖会造成局部环境空气干燥，空气不流通，空气质量差。要尽量抱新生儿晒晒太阳 3. 准备一台电暖器，如果空调故障，可及时替代；还应备一只暖水袋，如果停电，以备急需，但要避免烫伤新生儿 4. 秋末冬初季节，宝宝容易患病毒性肠炎，要注意预防 5. 室内要保持空气流通，新鲜的空气对母亲和新生儿是很重要的。每天应定时开窗 6. 冬天是呼吸道感染等各种疾病的多发时期，而母乳中含有的抗体能帮助婴儿减少生病的可能。有条件的妈妈，一定要坚持给宝宝哺喂母乳

宝宝不适与疾病应对

婴儿虽然不会说话，但在身体出现不适或患病前，常有一些征兆。父母应该了解和熟悉一些宝宝常见疾病，加以注意，以免耽误了宝宝的病。

宝宝乳糖过敏怎么办

乳糖是乳类食品特有的糖类，在母乳和牛奶中含量都较丰富。乳糖会在小肠内经过乳糖酶的水解后被吸收利用。但有的新生儿肠道先天就缺乏乳糖酶，导致乳糖在小肠不能被水解而直接进入大肠，刺激肠道而导致腹痛、腹胀、腹泻等反应。上述情况，称为乳糖不耐受或乳糖吸收不良。

如果新生儿乳糖过敏，不妨试试下面的建议。

奶制品配合谷物一起吃

乳糖不耐受的新生儿如果空腹喝奶，症状会更严重，但如果将奶制品配合谷物一起吃的话，奶制品中的乳糖浓度会在特定环境中被“稀释”。胃肠中的乳糜微粒的作用和消化运动的进行，可以提高乳糖的吸收率。

少量多次喂养

每个新生儿对乳糖不耐受表现出的反应都不同，有的喝一杯含 12 克乳糖左右的奶会出现腹胀、腹泻，而有的则喝半杯奶就会出现反应。也就是说，新生儿在一定程度上对牛奶是可耐受的。如把一杯奶采取少量多次的方法喂，也可化解乳糖不耐受的情况。

喝酸奶

酸奶是加入一定乳酸菌后经过发酵而生成的奶制品。发酵过程使原奶中的 20%～30% 的乳糖分解成乳酸，蛋白质和脂肪分解成小的分子，使钙、铁、锌等对人体有益的矿物质变得更易消化吸收。所以，酸奶对乳糖不耐受的新生儿来说最适宜。

喝奶时吃一片乳糖

如果喝奶时吃一片乳糖，就会容易预防不舒服的症状出现。因为，外援性的乳糖酶也可以提高乳糖的消化和吸收，不妨试一试。

乳糖不耐受的新生儿要喝一些酸奶，有利于吸收奶制品中的矿物质。

2个月以下的宝宝感冒如何识别和处理

2个月的小宝宝感冒有两种情况：一是由感染所致。这时宝宝精神差，情绪不佳，体温升高，不爱吃奶。二是由宝宝的生理结构和过敏引起鼻塞，呼吸困难。宝宝吃奶不好，吃几口停下来喘气；有的宝宝脾气暴躁，吃奶不痛快就干脆大哭大叫。此时，较好的办法是：

1 用热毛巾敷敷鼻根部；增加室内湿度，比如在暖气上搭条湿毛巾或用加湿器。

2 给宝宝洗澡时，在鼻腔内滴1滴水，待鼻痂湿润后用布条捻出来。

3 感冒时，宝宝吸吮母乳较困难，也可将母乳挤出后用滴管或小勺喂，以免因呼吸困难影响进食量。

4 母亲感冒时可继续母乳喂养，但喂奶时应戴口罩，接触宝宝前应先洗手。

宝宝湿疹的识别

宝宝湿疹多与遗传和外界诱因有关。如果父母中的一方属过敏体质，宝宝有50%成为过敏体质的可能性。宝宝湿疹往往还和喂养有关，常见的是人工喂养的宝宝患湿疹较多。

湿疹开始多在面颊部出现小红疹，很快波及额、颈、胸部。小红疹可变为小水泡，破溃后流水，之后可结成黄色痂皮。反反复复，时轻时重，急性发作时瘙痒难忍。宝宝常烦躁哭闹。对患湿疹的宝宝应格外注意护理和喂养。

1 要想避免宝宝湿疹，最好的办法就是宝宝一出生就选择纯母乳喂养。

2 对过敏体质的宝宝，最好在7个月后添加蛋黄、鱼虾类食物。

3 避免使用碱性强的肥皂，可用温清水洗脸、洗澡。

4 宝宝的内衣应选择纯棉制品，避免化纤、羊毛制品的刺激。衣服不可穿得过多，过热、出汗都会引起湿疹加重。

5 宝宝湿疹易复发，因此要在医生指导下用药。用药应选择浓度低、疗效高、副作用小的药物，激素类和非激素类药应交替使用。

6 勤给宝宝剪指甲，避免宝宝抓挠患处，防止继发感染。不要采用给宝宝戴手套的方法。限制宝宝双手的运动是不明智的。

宝宝的智能开发

出生后1~2个月，是宝宝成长发育最迅速的时期，也是动作成长发育的最快阶段，第2个月的宝宝偶尔会发出“a”、“o”、“e”等字母音，有时还会发出咕咕声，表现出对人脸的积极兴趣，对别人的微笑和谈话有所反应。

运动能力训练

俯卧抬头

方法 一般在宝宝空腹即喂奶前1小时，在宝宝清醒状态下，以俯卧位将宝宝双手放在头两侧，爸爸妈妈用带声响的玩具逗引宝宝。

目的 让宝宝练习抬头。

注意 一般每天训练3~4次，训练时间根据宝宝状态，一般控制在每次3~5分钟，逐渐延长训练时间。

情感培养训练

悄悄话促进母子感情

方法 宝宝睡醒时，用缓慢、柔和的语调对宝宝讲些“悄悄活”，如“噢，××（呼乳名）醒了，睡觉梦见妈妈了吗？”“××，我是妈妈，妈妈好爱你”等。每天2~3次，每次2~3分钟。

目的 给宝宝听觉刺激，有助于宝宝早日开口说话，并促进母子间的情感交流。

注意 对宝宝说话，最好用普通话反复和宝宝说，这样可让宝宝贮存标准、丰富的语音信息，促进语言能力的发展。

宝宝对妈妈的话语也会产生回应。

宝宝视觉刺激

随风舞动

方法 在2个多月的时候，可在宝宝的摇篮上悬挂可移动的鲜红色或鲜黄色的气球或纸花等，让宝宝醒来就能注视它们。妈妈隔一定的时间去摇动一下纸花和气球，以激起宝宝的注意和兴趣。大人也可将宝宝竖抱起，边让宝宝看边与其说话，以训练宝宝的视觉感知能力。

目的 这是视觉刺激的好方式。这时候的宝宝对鲜艳的色彩已有较强的“视觉捕捉”能力了。

注意 悬挂的物体不要长时间地固定在一个地方，以防宝宝的眼睛发生对视或斜视。

生活自理能力训练

把大小便

方法 出生2个月起，开始定时定点培养宝宝大小便的习惯。在便盆上方用“嗯”声表示大便或用“嘘”声表示小便。通过视——便盆，听——声音，加上姿势形成排泄的条件反射，在2个月前后宝宝就懂得把大小便了。

目的 给宝宝把便既培养了与大人的合作，又能训练膀胱容积量扩大，锻炼膀胱括肌应有的功能。

注意 大人挺胸坐正，不可压迫宝宝的胸背而妨碍呼吸，当宝宝打挺表示不愿意被把便时，应马上放下，停止训练。

认知能力训练

照镜子

方法 在宝宝清醒时，妈妈可抱着宝宝照镜子，在镜子前让他安静地看一会儿，并告诉他“这是宝宝，那是妈妈”，同时可以让宝宝在镜子前做一些动作，如把宝宝小手举起，摸摸镜子，再摸摸自己的小鼻子。开始宝宝会盯着镜子，觉得十分奇怪，多让他看几回后，他就会变得轻松愉快起来；照镜子时还可以让宝宝注意到自己脸上的器官，并告诉他这是小嘴，这是眼睛，这是鼻子等，使宝宝较快地认识它们。宝宝在照镜子时会有很多表情，他会对着镜子笑、做鬼脸，同镜子里的宝宝说话，拍触镜子里的宝宝。

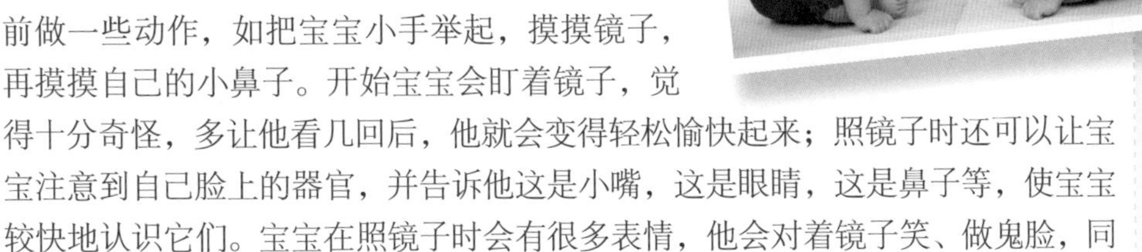

目的 照镜子可以使宝宝心情愉快，同时提高宝宝的认识能力。

注意 不要让宝宝打碎镜子。

第3个月 宝宝学翻身

第 3 个月是宝宝体格发育最快的时期，宝宝对周围的环境产生了兴趣，觉醒的时间也比较多了，还特别喜欢亲近自己的人。3 个月的宝宝能笑出声音。宝宝开始注意自己身体以外的环境，能倾听周围环境中的声音。

宝宝的生理特征与生长发育

这个月里，宝宝俯卧时能短时抬起半胸，转头用肘支撑上身；头部能够挺直；眼看双手、手能互握，会抓衣服，抓头发、脸；眼睛能随物体 180° 转动，见人会笑；会出声答话、尖叫，会发长元音。

宝宝的动作发育

即将满 3 个月的宝宝，头能随自己的意愿转来转去，眼睛随着头的转动而左顾右盼。爸爸妈妈扶着宝宝的腋下和髋部时，宝宝能够坐着。让宝宝趴在床上时，宝宝的头已经可以稳稳当当地抬起，下颌和肩部可以离开床面，前半身可以由两臂支撑起。当宝宝独自躺在床上时，会把双手放在眼前观看和玩耍。扶着腋下把他（她）立起来，宝宝就会举起一条腿迈一步，再举另一条腿迈一步，这是一种原始反射。

宝宝的语言发育

3 个月的宝宝在语言上有了一定的发展，逗他（她）时会非常高兴并发出欢快的笑声，当看到妈妈时，脸上会露出甜蜜的微笑。嘴里还会不断地发出“咿呀”的学语声，似乎在向妈妈说着知心话。

宝宝的感觉发育

3个月的宝宝视觉有了发展，开始对颜色产生了分辨能力，对黄色最为敏感，其次是红色，见到这两种颜色的玩具很快能产生反应，对其他颜色的反应要慢一些。

这么大的宝宝已经认识奶瓶了，一看到爸爸拿着它就知道要给自己吃奶或喝水，会安静地等待着。听觉发展也较快，已具有一定的辨别方向的能力，听到声音后，头能顺着响声转动180° 。

宝宝的心理发育

3个月的宝宝喜欢从不同的角度玩自己的小手，喜欢用手触摸玩具，并且喜欢把手放在口里试探。能够用咕咕噜噜的语言与父母交谈，有声有色，说得还挺热闹。有时还能笑出声，对妈妈显示出格外的偏爱，离不开妈妈。

宝宝的营养

由于这个阶段的宝宝机体非常脆弱，消化系统还没有完善，但生长发育却特别快，因此这个阶段的营养非常重要。对宝宝进行科学喂养，将有助于宝宝成功地过渡到进食成人食物的阶段。

顺利地转移到混合喂养

有的妈妈用一些代乳品代替一部分母乳喂养宝宝的方法称为混合喂养。

混合喂养的形式

有的是先喂母乳再喂配方奶粉；有的是白天喂配方奶粉，夜晚喂母乳；有的是早晚喂母乳，其他时间喂配方奶粉。

混合喂养的喂哺次数

与母乳喂养相同。同时根据不同的月龄进行各种辅食的添加，使营养素的摄入满足宝宝生长发育的需要。

混合喂养的注意事项

混合喂养的时候，如果宝宝非常厌恶配方奶粉，千万不要急于强制性地去灌给宝宝。可以暂时性地只喂母乳，而在这段时间里可以把配方奶粉冲淡之后进行喂养，紧接着再给宝宝喂母乳。以这种做法使宝宝逐渐习惯，从而顺利地转入人工喂养阶段。

混合喂养需要注意　如果需要给宝宝更换奶粉，注意尽量不要变换奶粉的性质，如果宝宝吃大豆奶粉或低敏奶粉，更换时最好咨询医生，并注意更换过程要循序渐进，如果大便有改变，可以放慢速度，有明显大便异常时需咨询医生，做相应的处理。

巧妙处理宝宝睡眠与喂奶的矛盾

这个时期的宝宝夜间也需要喂奶，但是要尽可能地保证宝宝的睡眠。此外，频繁地夜间喂奶会使妈妈过度疲劳和紧张，不仅仅是由于少睡了几个小时的觉，关键是长期打破了妈妈的睡眠规律。

1 夜间频繁给宝宝哺乳，反而会影响宝宝夜间的睡眠质量，宝宝更容易“醒夜”。

2 必须使宝宝白天和夜间所处的环境有“显著区别”，到了晚上房间光线要暗下来，尽量少吵闹，营造一个安静的氛围，这样宝宝就会把这种环境和“睡觉”联系起来，到时就睡。

3 晚上宝宝有睡意时，应直接把他放到床上或摇篮中，让其自然睡眠，而不是把宝宝抱在怀里轻轻拍打或让其叼着乳头。

4 尽量减少夜间喂奶的次数：宝宝不足 5 千克前，一次睡眠不超过 5 小时，醒来马上吃东西。但是，如果宝宝超过了这个体重，你可以想办法把两次喂奶的时间间隔延长到 6 小时，这样你便可以连续睡 6 小时的安稳觉。宝宝也将形成自己的生活规律。

5 当宝宝夜间醒来，妈妈不要马上喂奶，而是要“有意”地用换尿布或其他事情分散宝宝进食注意力，这样宝宝就不会认为“醒了马上就能吃奶”，慢慢地，即使夜间醒了，也能很快回到睡眠状态。

适时添加果汁

宝宝应从出生 3 个月就开始喝煮熟的果汁。这是因为维生素C不能在体内大量储存，若没有持续供给，体内容易缺乏。所以及时添加富含多种维生素的菜水或果汁水对宝宝的发育非常重要。

人工喂养的宝宝多喂配方乳粉，其中维生素C含量极少，因此添加果汁应及时。有的人工喂养的宝宝大便硬，常常有便秘，如果常喝果汁，许多宝宝的大便会通畅。

对母乳喂养的宝宝来说，虽然母乳中的维生素C较牛乳多，但要取决于乳母饮食中所含维生素C的量。如果乳母饮食中维生素C含量多，宝宝大便次数较多，再加果汁的话，可能增加排便的次数，所以一般都不过早地加果汁。但为了添加辅食做准备，可以让宝宝在 3 个月时开始喝煮果汁。

根据宝宝体重增长情况添加配方奶粉

母乳是否能满足宝宝的营养需求，最好的依据就是宝宝的体重增长情况，如果一周体重增长低于 200 克，可能就是母乳量不足了，可以开始添加配方奶粉，以满足宝宝的营养需要。添加配方奶粉的量可根据宝宝的需要而确定。

配方奶粉的喂养次数和喂养量见下表所示。

不同月龄的宝宝喂奶量及其喂奶的次数参考表

月龄	喂奶量（毫升/次）	喂奶次数（次/日）
出生~0.5	60~80	7~8
0.5~2	80~140	7
2~3	120~150	6
3~4	130~165	6
4~5	140~180	5
5~6	150~200	4~5
6~7	200~220	4
7~8	220	4
8~9	220	3~4
9~10	220	3
10~11	220	3
11~12	220	2~3
12月整	220	2

如果宝宝仍然感觉到饿，夜里也会醒来哭闹，体重增长也不理想，那就可以适当地增加次数，但注意不要过量。过量添加配方奶粉，会影响到母乳摄入，毕竟母乳是宝宝6个月内的最佳食品。

有的宝宝一开始很爱吃配方奶粉，然后突然有一天就不吃了。妈妈们不要着急，遇到这种情况，即使只给宝宝吃母乳，也不会饿着宝宝的。遇到这样的情况，不要想方设法地给宝宝喂配方奶粉。有的妈妈就和宝宝较劲，非让宝宝吃配方奶粉不可，觉得只要饿他一会儿，他就会吃了。结果宝宝照样不吃，这样的做法是不可取的。

还有这样的宝宝，当妈妈给添加配方奶粉后，宝宝就喜欢上了配方奶粉而开始对母乳不感兴趣了，因为奶瓶的奶嘴孔大，吸吮起来很省力，吃得也很轻松。而母乳流出比较慢，吃起来比较费力，当然就不会像喝配方奶粉那样舒服了，从而对配方奶粉表现出了极大的兴趣。

这时，妈妈不要随宝宝的兴趣，如果不断增加配方奶粉量，母乳分泌就会减少，所以还是要保持母乳和配方奶粉的比例，不可偏颇。

宝宝的日常照料

现在，宝宝每天有8小时是醒着的，可以更多地观察外部世界，并且努力学习一些新动作，练习新花样了。宝宝能听出熟人的声音，对照顾的人会笑。职场妈妈有的开始准备回到工作岗位上了，需要准备把宝宝托付给他人照顾。

宝宝是个小夜猫子

有的3个多月的宝宝，喜欢白天睡晚上玩，所以总是白天睡得多，一到晚上就根本不想睡了，不折腾到半夜是不会睡觉的。这种情况，在低月龄的宝宝中很常见，俗称“睡倒觉”。

有些妈妈为了夜里照顾宝宝方便，总是开着一盏灯，这样做对宝宝健康成长很不利。当宝宝晚上睡觉的时候，妈妈最好熄灯。有的宝宝睡觉时，只要妈妈一关灯，就会哭闹不停。

研究表明，如果晚上睡觉时灯光很强，宝宝就没有了昼夜的刺激，进而会影响宝宝已形成正常的生物钟，由此影响大脑分泌生长激素，影响身高和体重的增长。

最好的办法是让家里白天的光线明亮一些，早晨或下午尽量让宝宝醒着，让他多玩一会儿，特别是下午五六点后不要让他睡觉。晚上八点左右，可先给宝宝洗个热水澡，然后关上大灯，打开台灯，使房间笼罩着一种使人昏昏欲睡的气氛，让宝宝感到疲倦，这样很快就能睡着了。

呵护好宝宝的耳、眼和囟门

❀ 囟门

囟门是宝宝脑颅的窗户，脑组织需要骨性的脑颅保护。脑颅是密闭的，而囟门却是其上面的一个开放空隙，很容易受到伤害。囟门的清洗可在洗澡时进行，可用宝宝专用洗发液进行清洗。清洗时将手指平放在囟门处轻轻地揉洗，忌用力搔抓。

❀ 耳朵

护理宝宝耳朵时要注意：不要用手替宝宝挖耳垢，妈妈的指甲若划破外耳道上皮，易引起外耳道炎。给宝宝洗澡时要注意不要让水浸入外耳道，以免引起中耳炎。

宝宝囟门上的“尿疙瘩”会自然脱落，妈妈不要用手生硬地抠掉这些“尿疙瘩”，以防伤害囟门。

眼睛

从宝宝出生的那一刻起，妈妈就要时时刻刻注意保护宝宝的眼睛。随着月龄的增加，宝宝的活动也随之增多，要谨防眼外伤、扎伤、烧伤和异物损伤。宝宝的眼睛还处于发育之中，要避免长时间、近距离地用眼。在给宝宝进行眼睛护理时要特别小心，避免病菌污染，引起结膜炎。

宝宝需要户外锻炼

此时带宝宝在日光下和新鲜的空气中活动，对提高宝宝身体对外界环境突然变化的抵抗力，增强体质，对各个脏器的生理功能有着重要的意义。

1 太阳光照射在人身上，刺激肾上腺的分泌增加，日光中紫外线具有强力的杀菌特性，可提高机体的免疫力。

2 促进身体吸收食物中的钙和磷，使身体产生维生素 D，促进骨骼的发育，有预防和治疗佝偻病的作用。

3 紫外线还可以加快血液循环，刺激骨髓制造红细胞，防止宝宝贫血。

户外锻炼应注意：

1 晒太阳可以选择避风的地方，头上要戴帽子，以免阳光直接照射头部。

2 开始时每次 5～10 分钟，随着宝宝的长大而延长照射时间。

3 宝宝晒太阳后，如果出汗多，一定要用干软的毛巾将汗擦干，还要给宝宝补充些水分，如温水、果汁等。

4 如果宝宝身体不适或有病，可暂停户外锻炼。

宝宝适宜的玩具

多大的宝宝可以玩什么玩具完全是由宝宝的生理发育所达到的能力决定的。具体说到 2～3 月的宝宝能玩什么玩具，要先了解 2～3 个月的宝宝能做什么。

从大动作来说，如果宝宝俯卧时抬头可达 45°～90°，那么爸爸妈妈就可以用鲜艳的、会响的玩具在他趴着时逗引他抬头。

就精细动作而言，从紧紧地抓住东西不放到慢慢地松开手就是该阶段的一种进步。所以，宝宝能抓握的哗铃棒、拨浪鼓，悬挂的毛线球都是很适宜的玩具。

细心的妈妈还会看到宝宝开始玩手，小手也成了他的玩具。这时不必去干预——哪怕宝宝在吸吮手指，因为这是宝宝用口唇去感知世界的一个必经的阶段。

充分发挥每位母亲的主观能动性，你会发现家中每样东西都是宝宝最好的玩具。

宝宝的常见不适与疾病的预防

第3个月在宝宝的整个成长过程中，是一个相对太平的月份，这个月，宝宝一般不会遭受过多的疾病困扰。这个月，妈妈们可以不用那么紧张，松口气，尽情享受亲子的快乐吧。当然，在享受快乐的同时，仍旧有一些小问题需要妈妈关注。

如何处理宝宝积痰

3个月左右的宝宝积痰，是一种短期内的特有现象，这是因为宝宝的支气管被呼吸道内的分泌物轻微堵塞而导致的。当我们抱着宝宝时能听到呼噜呼噜的痰鸣声。这种宝宝往往偏胖，当转换体位、咳嗽、吐奶后，呼声会自然减轻。

每个宝宝体质不同，因此呼吸内分泌物多少不一，3个月左右的宝宝都还不会咳嗽吐痰，所以分泌物多又吐不出来的宝宝就出现了积痰。这种呼吸道内的分泌物并不是由于感染而生成的，因此不应把积痰视为疾病，也不必用药物治疗。等宝宝长大一点之后，他自然就会咳嗽吐痰了，而积痰产生的呼噜声自然也就消失了。

积痰的宝宝宜多到户外活动，通过空气浴让宝宝的皮肤和气管膜受到冷空气的刺激，从而获得锻炼。

积痰的宝宝精神好、食欲佳，绝不是一个患病的宝宝的样子，因此妈妈只要认真观察就一定能与急性呼吸道感染区别开来。一旦你判断宝宝是积痰就不必焦急，也不必总带宝宝去医院，耐下心来好好地照料他并多锻炼，过一段时间自然就会好了。

宝宝常见病态的早期发现

宝宝虽然还不能陈述自己的病痛，但是往往会通过生理本能而发出种种病痛和不适的信号，大人应该识别这些信号，可以抓住有利时机对宝宝做到未病先防，有病尽早治疗，使宝宝减少疾病的痛苦。

爸爸妈妈如何从宝宝的表现判断宝宝是否生病呢？

宝宝患病常见的信号及应对措施

宝宝的异常表现	宜采取的应对措施
宝宝出生后，48 小时没有尿，通过喂葡萄糖水还没有尿	应该尽早到医院请医生诊断
宝宝黄疸半月后还没有消退	应检查宝宝大便的颜色、是否母乳喂养以及有没有胆道闭锁
宝宝经常鼻出血	应检查血液系统
宝宝的嘴唇出现青紫	应该检查是否患有先天性心脏病
宝宝的两眼发直，烦躁不安	应检查其大脑是否有异常
宝宝的眼皮浮肿，尿少，不吃东西	有可能是肾脏有异常
宝宝出现面色发黄，不吃东西，疲乏无力	应做肝功能检查
宝宝的前囟突出，并伴有恶心呕吐	可能会患有脑炎
宝宝多吃、多喝、多尿	应检查其血糖和尿糖
宝宝光吃不睡，有时腹胀，面色萎黄	可能会患有钩虫病或蛔虫病
宝宝突然大哭不止，或者哭一阵停一阵，再大哭	应检查是否患肠绞痛、胆道蛔虫、肠梗阻或者是肠扭转等急腹症
宝宝的下肢弯曲，用力拉直就哭或两脚离地高低不一	应检查是否患有先天性髋关节脱位
宝宝出现发热、鼻翼向外扇动，同时伴有嘴唇青紫	应检查是否患有肺炎以及支气管肺炎
宝宝出现嗜睡、睡后不醒，同时还伴有发热	有可能是脱水或酸中毒
宝宝有发热和抽筋表现	应检查是否患有急性感染
宝宝若入睡后，不停地翻动手脚，用手抓屁股	有可能是蛲虫感染

宝宝的智能开发

这个月是宝宝脑细胞生长发育的第二个高峰期，这时不但要有足够的母乳喂养，也要给予合理的视、听、触觉神经系统的训练。因此，每天的生活要逐渐规律化。

可以说，第 3 个月是宝宝心理培养与智力开发的关键期，不要忽视对宝宝全方位的培养。

语言能力训练

模仿面部动作

方法 在宝宝情绪很好、很稳定的时候搂抱他，并在他面前经常张口、吐舌或做多种表情，使宝宝逐渐会模仿面部动作或微笑。

目的 培养语言能力。

注意 不要做恐怖的表情，那样不利于宝宝的成长。

情感和社交能力训练

认妈妈

方法 父母要多与宝宝玩耍、交流。宝宝逐渐学会认人，是生人还是熟人，对爸爸妈妈做出不同的反应，尤其是见到妈妈时表现出对母亲的偏爱。观察宝宝见到母亲时是否有特殊表现，如发出声音，或高兴得手舞足蹈。

目的 培养亲情。

注意 不要长时间远离宝宝，避免宝宝焦虑烦躁；不要突然改变宝宝熟悉的生活环境。

音乐能力训练

敲击节拍

方法

1. 宝宝觉醒后，让他舒适地靠在妈妈身上。妈妈举起宝宝的两只小手，在其视线正前方晃动两下，以引起宝宝对手的注意。

2. 一边唱儿歌，一边轻轻拍动、摇摆宝宝的小手，让宝宝的视线追随手部运动。当念到“跑得快”时，以稍快的速度将宝宝的双手平放在宝宝的身体两侧。

3. 在欣赏音乐时，宝宝经常会不由自主地摇动身体，或者动手踢脚，带着快乐的表情来应和。

目的 增进宝宝对节奏感的认识和协调能力，促进宝宝在体能、情感等方面的发育。

注意 刚开始不见得与音乐合拍，只是表示心情快乐而已。父母可经常拉着宝宝的手或脚，按照节拍活动。让宝宝被动感知节奏的变化，逐渐使宝宝的活动合拍。

大动作能力训练

翻翻身

方法

1. 让宝宝仰卧在床上。妈妈用手托住宝宝身体一侧的胳膊和背部，慢慢往另一侧的方向推去，直到将宝宝推成俯卧的姿势。停一会儿后，再帮助宝宝翻回来成仰卧的姿势。

2. 妈妈可以一边帮助宝宝翻身，一边说“宝宝翻翻身”、“翻过去，翻回来”等，这有助于宝宝的听觉训练的情绪激发。

目的 促进宝宝早日翻身，并娱乐与锻炼宝宝的听觉能力。

注意 妈妈帮助宝宝翻身时，动作要轻。开始练习时，可多帮助一些，等到宝宝自己要努力翻身时，只需稍稍助些力即可，对那些动作发育较快的婴儿，妈妈不必过多地帮忙，可让他自己去练习。将玩具放在宝宝的体侧，宝宝为了抓住玩具会顺势翻成侧卧位，进而翻成俯卧位，宝宝练习翻身时，妈妈或家人应守护在宝宝身旁照看。

如果宝宝做这个游戏还有困难，可推迟到下个月进行。

萌态初露

宝宝到了这个月，细心的家长发现宝宝的体重和身长长得不如以前快了，4 个月的宝宝很喜欢玩，喜欢让人抱，会把头转来转去地找人，如没人在身边会不高兴，又哭又闹。宝宝更喜欢户外运动。

宝宝的生理特征与生长发育

宝宝的运动能力在这个阶段会不断提高，而且宝宝做动作的姿势比以前熟练很多，还能够做对称性动作了。当你把宝宝抱在怀里时，宝宝的头能稳稳地直立起来了。

宝宝的动作发育

4 个月的宝宝动作能力更为旺盛，可以翻身了，有些宝宝能从俯卧位或侧卧位翻成仰卧位，少数宝宝甚至会翻身，能从仰卧位翻至俯卧位。如果把他抱在膝盖之上，就会看到他使劲地蹦跳。每当爸爸妈妈拉住宝宝的手臂要拉他坐起来时，他都会尽力要坐起来。拿东西时，拇指较之前灵活多了。绒布娃娃之类的玩具放在宝宝能够拿到的地方，宝宝就会伸手去抓。

语言发育

这个时期的宝宝在语言发育和感情交流上进步较快。高兴时会大声笑，清脆悦耳，开始牙牙学语，用声音回答大人的逗引。当发生人与他讲话时，他会发出咯咕咕的声音，好像在跟你对话。此时宝宝的唾液腺正在发育，经常流口水，还出现爱吸吮手指的毛病。

感觉发育

4 个月的宝宝对周围的事物有较大的兴趣，喜欢和别人一起玩耍。能识别自己的母亲和面庞熟悉的人以及经常玩的玩具。

心理发育

第 4 个月是宝宝脑神经发展的关键月份，这个月份的宝宝有几个一定要会的运动

智能：挺颈、眼睛追物。

他高兴时会大声笑，常常自言自语、咿呀不停，喜欢听音乐、儿歌、叫他的名字，主动够取眼前的玩具，看到妈妈会表现得更兴奋，对周围各种物品都感兴趣，能明显地表示情感：会对着镜子微笑。

视力发育

4个月大的宝宝，可以有意识地对其进行认识颜色训练了。也可以到户外进行训练，看到什么就告诉宝宝这是什么颜色，如花是红色的、叶子是绿的等。

宝宝的营养

母乳是宝宝最好的食品，新生宝宝必须保证4个月的全母乳喂养。这是因为母乳中含有宝宝出生后6个月内生长发育所需的全部营养物质，如适合新生宝宝的蛋白质、脂肪、乳糖、盐、钙、磷、足量的维生素、足够的铁等。母乳，尤其是初乳含有丰富的抗感染物质，这些物质能保护宝宝少得疾病，而且母乳中的某些物质是宝宝脑神经细胞发育所必需的，有利于宝宝智力的发展。

上班后的母乳喂养

妈妈在出门前先把宝宝喂饱，并且将乳房中多余的乳汁挤出或用吸奶器吸出，放入消过毒的清洁奶瓶中，存放在冰箱里，当妈妈不在家时用来喂宝宝。

妈妈在上班时，定时将乳汁挤出或用吸奶器将乳汁吸出，保存在消过毒的清洁奶瓶中，下班后带回家中，留作宝宝次日的食物。妈妈不在家中时则像以前一样喂哺宝宝。一般来说，如果妈妈挤出的乳汁能得到妥善保存，足够宝宝第二天食用，就能继续母乳喂养。

当然，在保存乳汁时，一定要注意奶瓶、吸奶器的清洁和消毒，手也应该洗干净。吸出来的乳汁要尽可能放在冰箱中，存放时间不要超过8小时。

上班妈妈应如何挤奶

为了充分刺激乳汁的分泌，妈妈每天至少应喂奶或挤奶3次，而且每次都应将乳汁完全挤空或吸空。如果上班时不挤奶，每天只喂奶一两次，那么乳汁就会很快减少或停止分泌。

新妈妈，你的乳汁中有敏感成分吗

或许新妈妈自己也想不到，连母乳中也会出现让宝宝不适的敏感成分吧。无论你是否有这个烦恼，都应该掌握一定的方法，学会找出自己乳汁中的敏感成分。

五类常见的可疑食物

食物类型	致敏作用
乳制品	乳制品中潜在的过敏蛋白会进入母乳，造成宝宝肠痉挛
含咖啡因的食物	软饮料、巧克力、咖啡、茶和某些感冒药中都含有咖啡因。有些宝宝容易对咖啡因过敏，往往是因为妈妈过量食用了这类食物
谷类和坚果	这类食物里，最容易引起过敏的是小麦、玉米和坚果
辛辣食物	在吃了辛辣味重的食物之后，妈妈的乳汁会有一股不同于正常乳汁的味道，某些宝宝吃母乳后会产生胃部不适，以至于拒绝吃奶，还有的宝宝可能出现肠痉挛
容易胀气的食物	西蓝花、洋葱、青椒、菜花、卷心菜等，如果妈妈生吃这些蔬菜，可能会引起宝宝胀气，不过做熟以后吃就没有问题了

❀ 一个个地排除可疑食物

妈妈可以从牛奶开始，一个接一个地在自己的食谱中去掉可疑的食物，如果有必要，也可一次扣除全部可疑食物，这样坚持 10～14 天，因为要从妈妈体内完全排除某种食物需要 10～14 天，因此妈妈要耐心等待。

在排除可疑食物期间，妈妈应密切观察宝宝的症状是否减轻或消除。如果没有改善，可以试着去掉另外一些可疑食物，直至宝宝症状消除。

❀ 验证可疑食物排除的结果

如果宝宝的不良症状减轻或消除，可以再吃一次这些可疑食物来验证。如果宝宝在 24 小时内又出现了这些不良症状，至少 2 个月内妈妈都不要再吃这些食物了，等宝宝长大一些后，妈妈可以再试一下。

即使妈妈已经认定了某种食物是罪魁祸首，但其实大多数宝宝也只是暂时对它过敏而已，不妨多试几次，以免宝宝错过了营养丰富的母乳。

❀ 妈妈不要过量食用某些食物

有些宝宝对某些食物异常敏感，而有些不过是由于妈妈食用过量造成的。小麦食品和柑橘类水果就有这种作用，如果妈妈吃太多会让宝宝不适，但少量食用没问题。

怎样掌握宝宝的吃奶次数和吃奶量

到宝宝 4 个月时，吃奶次数应该基本固定了。一般每天吃 5 次，夜里不起来。有的宝宝是每隔 4 小时吃 1 次奶，除此以外，夜里还要加 1 次，共喂 6 次。究竟用不用夜里给宝宝喂奶，要根据宝宝的具体情况而定。总的原则，是以宝宝能够消化吸收，体重在合适的范围以内而定。值得注意的是，母乳喂养者仍应按需哺乳。

在吃奶量上，爸爸妈妈要严格掌握，既不使宝宝饿着，又要防止宝宝超量。4 个月时的宝宝，每天的奶量不应超过 1000 毫升，即如果按宝宝一天喝 5 次奶算，每次应该喝 180 毫升。如果宝宝每天喝 6 次，每次就应该喝 150 毫升比较合理。

事实已经证明，给宝宝超量喂奶，会对宝宝的生长发育带来不利影响。如果 4 个月的宝宝，吃奶量超过 1000 毫升，以后迟早会发胖。胖宝宝由于体内多余脂肪的聚积，会动作迟缓，站立、行走时间也较其他宝宝晚。所以，尽管宝宝爱喝奶，每天的总量也应控制在 1000 毫升以内。为了将宝宝每天的喝奶量控制在 1000 毫升之内，大食量的宝宝，可适当喂些果汁、菜汁、米汤等，以减少吃奶量。

吃母乳的宝宝生长缓慢的应对

母乳喂养的宝宝如果生长缓慢，体重和身高不如同月龄的宝宝，就要找一下原因，看看是否能改善宝宝的身体状况：

检查一下妈妈自己的情况	宝宝长期吃母乳，而宝宝生长缓慢时，妈妈就应该先从自身找原因，是否因为疾病、家务或工作忙而影响母乳的分泌，针对具体情况改善自己的状况
增加营养	如果宝宝生长缓慢，还有可能就是妈妈的营养不够，所以，宝宝吃母乳之后也会因为缺乏营养而减慢生长的速度。妈妈可以多吃一些有营养、易分泌乳汁的食物，如鸡、鱼、肉蛋和一些汤类。但膳食要合理，不能一味地补充蛋白质丰富的食物，也要多吃一些维生素丰富的蔬菜和水果，这样营养才能均衡
时刻关注宝宝的情况	注意宝宝精神是否良好、睡眠是否充足、衣物的冷暖是否恰当等，这些因素会影响宝宝对母乳的摄取和吸收。平时哺喂时也要尽量与宝宝交流，用微笑的眼神看着宝宝，这会让宝宝喜欢吃母乳并胃口大开

宝宝的日常照料

有什么样的家庭、什么样的父母，就会培养出什么样的宝宝。满 4 个月后，宝宝双腿蹬得厉害，活动频繁，晚上睡觉该换穿睡衣。到此月龄，口水就会增多，因此要给宝宝带上围嘴。

各月龄段意外事故及预防

月龄	多发事故	预防措施
新生儿	窒息	不要喂着奶陪睡；睡着时新生儿头部需侧向一边；冬季勿盖过于厚重的被子
	低温烫伤	不要用电热毯或热水袋
	坠落	爸爸妈妈穿稳定性好、防滑的鞋
	指趾端坏死	手套、脚套、袜子内壁不要有线头
1~6 个月	窒息	口袋或绳带有可能缠绕头及颈部
	烫伤	注意煤气灶、电热器和热水瓶
	坠落伤、撞伤	床的护栏至少高于宝宝胸部，不要有可以踩的横档
	误服、中毒	宝宝旁边不放危险物或小东西
	宠物咬伤	家中不要养宠物
7~12 个月	跌落伤	避免宝宝在高处没有护栏的地方站立、玩耍
	烫伤	注意热锅、电热器和热水瓶，洗澡先放冷水再放热水
	误服、中毒	危险物应放在宝宝够不到的地方

别让宝宝睡偏了头

宝宝的骨质很松，受到外力时容易变形。如果长时间朝同一个方向睡，其头部重量势必会对接触床面的那部分头骨产生持久的压力，致使那部分头骨逐渐下陷，最后导致头形不正，影响美观。另外，孩子睡觉时习惯于偏向妈妈，在喂奶时也把头转向母亲一侧。为了不影响宝宝颅骨发育，妈妈应该经常和宝宝调换睡眠位置。

避免这种后果的方法比较简单，即在出生后的头几个月，让宝宝经常改变睡眠方向和姿势。具体做法就是，每隔几天，让宝宝由左侧卧改为右侧卧，然后再改为仰卧位。如果发现宝宝头部左侧扁平，应尽量使其睡眠时脸部朝向右侧；反之亦然，如果发现宝宝头部右侧有些扁平时，尽量让其睡眠时脸部朝向左侧，就可纠正了。

宝宝的常见不适与疾病的预防

3～4个月的宝宝除了要按时注射疫苗外，就是日常的护理了，在护理宝宝的时候，爸爸妈妈一定要注意，因为宝宝还小，免疫力随着母乳的变化也逐渐变得很弱了。

宝宝夜啼不止，爸爸妈妈要多长个心眼

3～4个月的宝宝某一天夜里突然啼哭不止，爸爸妈妈摸不着头脑，急忙跑去找医生，可是也查不出明显的病理性的原因，这是怎么回事呢？

宝宝夜啼的原因很多，爸爸妈妈要想到多种可能：

没吃饱因饥饿而哭。此时给宝宝哺乳，吃饱了自然就不哭了。

夜间睡不好。白天未做户外活动，宝宝摄入能量无法通过运动消耗掉。这样的宝宝要增加户外运动，白天少睡点觉，夜间睡眠改善之后，夜啼自然就减少了。

宝宝真的肚子痛。这时如果敲敲宝宝的肚子，像敲鼓一样砰砰作响，趴在宝宝肚子上听，可听到咕噜咕噜的肠鸣音。如果排便，可见大便性状的改变，就基本上可肯定是肚子痛了。这时最好找医生处理。

宝宝患其他系统疾病也会啼哭。此时要测体温、看嗓子、查耳道有无流脓等。

睡眠环境不舒适宝宝也会哭。注意室温、湿度、室内空气流畅、光线明暗、环境噪音大小等，给宝宝提供良好的环境有利于睡眠，可减少夜啼。

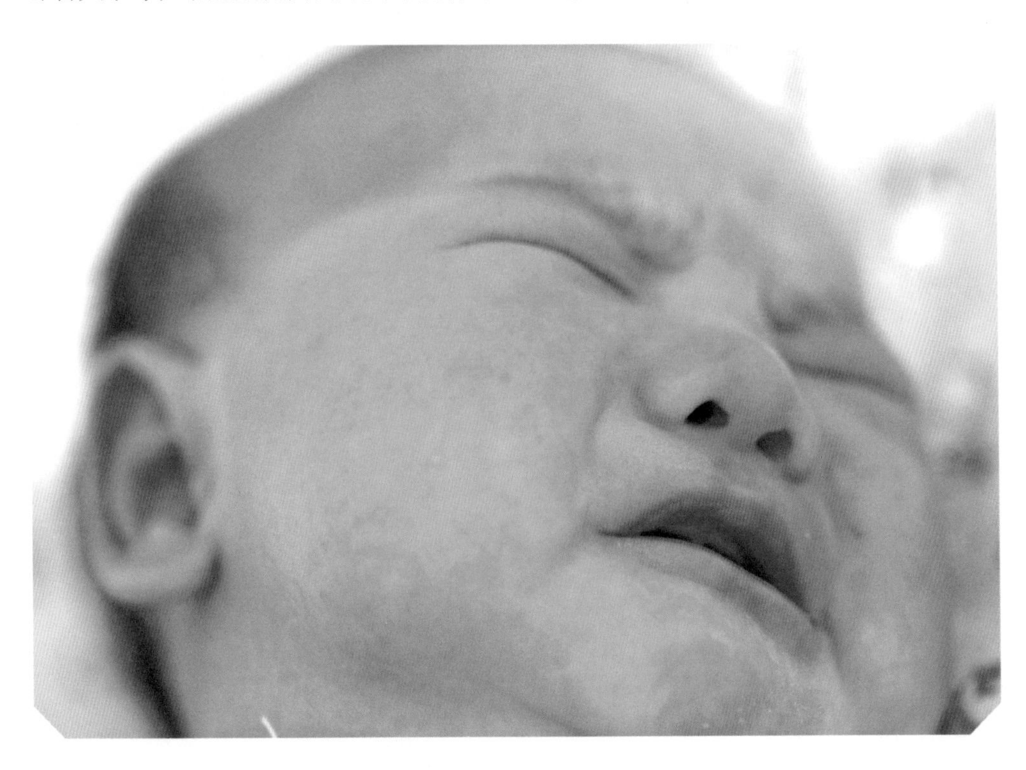

宝宝的智能开发

3～4个月是宝宝智能发育的关键期，行为模式会发生质的变化，可以自己摇动并注视拨浪鼓，找到声源、高声叫、牙牙学语、认识亲人。

视觉能力训练

红彤彤的苹果远了

方法

1. 妈妈将一个红彤彤的苹果举到宝宝面前，并让宝宝的手摸摸苹果，说："宝宝，这是苹果，又大又红的苹果，味道甜甜的，可好吃了！"

2. 妈妈将苹果放在一个小的红口袋里，在宝宝眼前不停地晃动袋子，用袋子轻碰宝宝的小手，逗宝宝抓取。一两次之后，宝宝就会抓住袋子。

3. 妈妈取出苹果后，要露出惊奇的表情对宝宝说："苹果、苹果！"

4. 妈妈举着苹果往后移动，边走边用食指指着苹果跟宝宝说："宝宝看，苹果远了，够不到了。"

5. 多次训练后，宝宝会对苹果产生一定的认知，当听到"苹果"时，就能目视苹果了。

目的 让宝宝认识苹果，了解红色，以锻炼宝宝的抓握能力。还可以利用宝宝喜欢的红色来刺激宝宝视觉，从而培养宝宝的空间距离感，提高宝宝对空间距离变化的感知能力。

注意 妈妈往后移动苹果时，要让苹果始终保持在宝宝的视线内，退后至1.5米处停止，让宝宝远距离注视一会儿，再往宝宝眼前移动。

语言能力训练

鼓励宝宝发辅音

方法 这时的宝宝会用口唇发出辅音，有时会自言自语地说“啊不”或“啊咕”。这时，爸爸妈妈也可同时呼应着宝宝说“啊不”，让宝宝多说点话。

爸爸可以大声、标准地发出“爸”的音，并用食指指着相片，跟宝宝说“这就是爸爸”，最好尽量将照片和人物联系起来。在宝宝伸手去拍打玩具时，妈妈可以说“打打”或“拍拍”。

目的 一般来说，宝宝知道大人喜欢听他发音时，他就会使劲儿大声地喊叫，并有意识地把声音拉长或重复。

注意 此时，爸爸妈妈要经常鼓励宝宝自己大声做发音的游戏。

从宝宝的睡眠中了解宝宝的健康

身体健康的宝宝在睡眠时比较安静，呼吸均匀而没有声响，有时小脸蛋上还会出现一些有趣的表情。

宝宝在睡眠中会出现一些异常现象，往往是一些疾病最直接的外在提示，因此，父母应学会在宝宝睡觉时观察他的健康情况。

1. 有些宝宝在刚入睡时或即将醒时会满头大汗，并伴有其他不适的话，就要注意观察，加强护理了，必要时还要去医院检查治疗。比如宝宝入睡后大汗淋漓，睡眠不安，再伴有四方头、出牙晚、囟门关闭太迟的现象时，可能是患了佝偻病。

2. 如果宝宝夜间睡觉前烦躁，入睡后全身干涩，同时面颊发红、呼吸急促、脉搏加快（正常脉搏是110次/分钟），便预示宝宝可能要发烧了。

3. 若宝宝睡觉时哭闹，时常摇头、抓耳、有时还发烧，这时可能是患了外耳道炎、湿疹或是中耳炎。

4. 如果宝宝睡觉时听到较大响声而抖动则是正常反应。相反，要是毫无反应，而且平日爱睡觉，则当心可能是耳聋。

5. 若在熟睡时，尤其是仰卧睡时，鼾声较大、张嘴呼吸，而且出现面容呆笨，鼻梁宽平，则可能是因为扁桃体肥大影响呼吸所引起的。

6. 如果宝宝睡觉后不断地咀嚼、磨牙，可能是有蛔虫，或白天吃得太多，消化不良。

7. 若睡觉后用手挠屁股，且肛门周围有白线头样的小虫在爬动，则是蛲虫病。

8. 如果宝宝睡着后手指或脚趾抽动且肿胀，要仔细检查一下，看是否被头发或其他纤维丝缠住了。

总之，父母应当在宝宝睡觉时多观察其是否有异常变化，以免延误治疗。

第5个月 宝宝越发活泼可爱了

5个月的宝宝能认识第一件物品了，喜欢玩各种游戏，已经具备了初步的逻辑思维能力。宝宝自己会将两次翻身连起来，完成180°翻身了。抱着宝宝到户外时，他开始避开生人，喜欢躲藏在妈妈的怀中。

宝宝的生理特征与生长发育

到这个月，宝宝的活动范围扩大了，他整天忙于做自己的“实验”，宝宝的学习兴趣日益浓厚，他几乎不需要家人的帮助，就可以躺在或坐在椅子上玩一两个小时，宝宝希望玩具离他近一些，一伸手就能抓到。

动作发育

5个月的宝宝大部分能够自由翻身了，还能依靠着坐垫坐一会儿，坐时背挺得很直。当父母扶着宝宝在床上站立的时候，他会一蹦一蹦地跳动。喜欢伸手抓自己想要的东西。洗澡的时候喜欢玩水，喜欢不厌其烦地重复一个动作来显示自己的能力。

语言发育

5个月的宝宝，在语言发育与情感交流上有了明显的进步，高兴的时候会大声地笑出声来，声音非常清脆悦耳。这时正是宝宝唾液腺发育的时候，所以经常有口水流出。如果看不到妈妈在身边，宝宝会大声啼哭表示不满。喃语的种类也增加了许多，还会表现出撒娇与喜悦，口中逐渐会发出“妈妈”的呼喊声。

感觉发育

5个月的宝宝会用表情表达自己内心的想法，能区别亲人的声音，能识别熟人和陌生人，对陌生人做出躲避的姿态。

心理发育

5个月的宝宝注意力有了明显提高，对色彩鲜亮的玩具特别感兴趣，能长时间稳定注视某事物。可分辨别人表情的喜怒，用表情来表达自己内心的想法，对亲人的声音能够很好地区分，对陌生人会做出躲避的姿势。当听到有人叫自己名字时会注视和发笑。

宝宝的营养

母乳的喂养

这个月的宝宝仍可以以母乳为主，但这个阶段的母乳已经无法满足其所需营养，需要添加配方奶粉，补充宝宝所需的维生素和矿物质，特别是铁和钙，还要为身体补充热量和蛋白质。

宝宝食量和上个月差距较大。有的一次吃 200 毫升奶还不一定够，需要添加营养米粉等，但有的宝宝一次喝 150 毫升奶就足够了。

宝宝体重增加状况和上个月的区别不大。平均每天增长 15～20 克。母乳喂养可每隔 4 小时喂奶一次，每次喂 110～200 毫升，喂 5 次。时间分别在上午 6 时、10 时，下午 2 时、6 时，晚 10 时。但是当母乳不充足时，宝宝就会因肚子饿而哭闹，体重增加也变得缓慢，这时就必须添加配方奶粉了。

当宝宝不喝配方奶粉的时候，可以选择其他的代乳食品为宝宝补充能量。比如可以添加浓缩鱼肝油，每日 2 次，每次 2 滴。另外，分次喂服 1/6 蛋黄，交替喂服温开水、水果汁、菜汁、菜汤、肉汤、水果泥等，每次 95 毫升左右。

此外，还需要每天用勺喂一次菜汤或适当浓度的清汤。如宝宝一次性喝下较多配方奶粉可以保证很长时间不饿的话，也可以采取这样的喂养安排，每次喂配方奶粉 220～240 毫升，一天喂 4 次。

用考普氏指数判断宝宝的营养状况

判断宝宝营养状况如何有许多方法，考普氏指数是用宝宝身长和体重来判断的一种方法。这个指数是用体重除以身长的平方再乘以 10 得出来的，其公式为：

考普氏指数 = 体重（克）/[身高（厘米）× 身高（厘米）]× 10

例如，某 5 个月宝宝体重为 6000 克，身长为 62 厘米，则：

6000/（62 × 62）× 10=16

根据考普氏指数判断标准，指数达 22 以上则表示宝宝太胖；20～22 为稍胖；18～20 为优良；15～18 为正常；13～15 为瘦；10～13 为营养失调；10 以下则表示营养重度失调。

西瓜汁

哺乳时宝宝咬乳头真苦恼

宝宝 4～6 个月大的时候开始长牙，有的妈妈会在哺喂宝宝时感觉到宝宝在咬乳头，疼痛难忍，但为了宝宝，妈妈并不想停止喂母乳，却又想制止宝宝这种咬的举动，这让很多妈妈感到很苦恼。

专家认为，只要宝宝一咬妈妈的乳头，便要马上将他的嘴巴从乳房上移开，并语气坚定地告诉宝宝不可这样做。宝宝在咬时，不要用力摇他，这样会造成他的不适，也会惊吓到宝宝。

如果他咬着妈妈的乳头不放，可以将手指伸进他的嘴唇和乳头间，迅速地中断他的吮吸行为。妈妈可以重复这个动作多次，最后宝宝一定会知道，咬妈妈的乳头是不被许可的行为。

更换奶粉有讲究

给宝宝换食同一品牌另一个阶段或同一阶段另一种品牌的奶粉时，最好不要一下子全部换掉，要留给宝宝的口味和消化系统一个逐渐熟悉和适应的时间。你可以先在每次配制时加 1 匙新奶粉，以后逐渐增加到 2 匙以至更多，最后全部更换成新的，也可以每天只有一次全部新的奶粉，再逐渐过渡。当然，这样做对于有些宝宝来说，在口味的适应上可能会感到稍稍困难。

在给宝宝喂食奶制品时，许多家长可能会想当然地认为“奶粉越浓，营养成分越多，就越有利于宝宝生长发育”，于是，他们往往喜欢给宝宝喂高浓度的奶粉。诚然，宝宝生长发育迅速，他们对能量及营养的要求特别高，但另一方面，我们还必须注意到，宝宝胃肠发育还不成熟，他们对能量及营养的耐受性也相对较差。

奶粉配制过稀，固然易引起营养不良，但配制过浓了，则可能加重胃肠道负担，导致消化功能紊乱、肠胀气等，这同样会影响宝宝的生长发育。因此，我们强调配制奶粉时，应按奶粉罐上的详细配置说明选择适宜的浓度。

妈妈给宝宝配置奶粉时，一定要按照奶粉外包装上说明选择合适的浓度，否则会影响宝宝的生长发育。

宝宝的日常照料

在这个时期，宝宝从妈妈那里得到的免疫力逐渐减弱，而且外出又多起来，因此宝宝也就容易伤风感冒。同时，宝宝胖、瘦，个子高、低的差异也越来越明显。

宝宝的纸尿裤别包裹得太紧

不少父母为图省事，给宝宝使用纸尿裤，但如果裹得太紧，更换得不勤，宝宝很容易被尿和粪便污染而引起肛腺炎，并导致急性化脓性感染。如果任病情发展，还将引起败血症而危及生命。给宝宝裹纸尿裤时，要选择透气性强的产品，随时留意宝宝的反应，及时为宝宝更换尿垫。

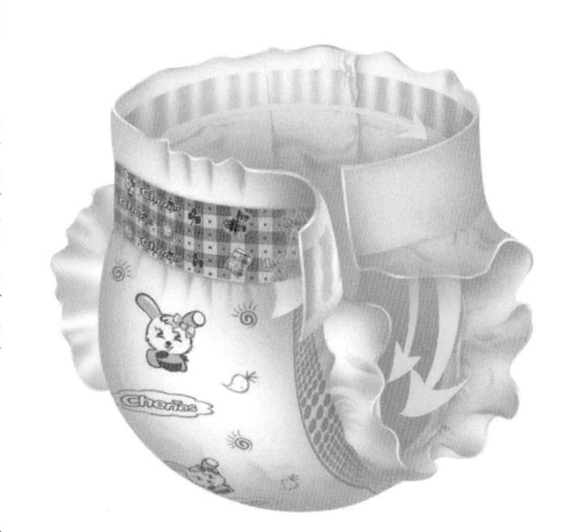

为了保护好宝宝的屁股，妈妈应该勤给宝宝换纸尿裤哦！

给宝宝拍照

妈妈给宝宝拍照片要尽量少用闪光灯或干脆不用，因为闪光灯的强度太大，宝宝受不了。可以在白天，或者天气好的时候去室外进行拍摄，注意别让阳光直射宝宝的眼睛，应选择适当的角度进行拍摄。

从小保护宝宝的眼睛

许多宝宝在婴幼儿时期就患有弱视、斜视及其他眼病。保护宝宝的眼睛，必须从婴幼儿时期做起。由于父母从小没有及时发现治疗，到了上学年龄，眼病相继发作，这是造成孩子视力低下的主要原因。

从出生那天起，就应给宝宝备有专用的毛巾和手帕，防止生红眼、沙眼。

宝宝看东西时要经常调换方向，不能斜视。

夏天在烈日下应戴太阳帽或太阳镜，以保护眼睛。

家中照明以柔和的日光灯为宜，不要让宝宝在黑暗处看书写字。

宝宝小时候，更多的应是活动，家长不该催宝宝看这看那。小孩子整天在家里，没有可玩的就看电视，这样最容易坏眼睛。

宝宝的常见不适与疾病的预防

宝宝5个月时，注意饮食营养科学平衡，预防贫血。衣服厚薄合理，不要根据大人的意愿穿衣服，要预防感冒。保持宝宝的个人卫生。室内环境清洁，通风透气。

预防宝宝吞气症

有的宝宝正在吃奶时，突然停止吸奶，并全身用力，双手握拳，两腿伸直，直至面红耳赤后恢复正常。专家们认为，这与吸奶时吞进了较多的空气有关，医学上称为“宝宝吞气症”。原因是宝宝吸奶时，空气进入胃的下部而奶汁处于胃的上部，空气难以排出而进入小肠和大肠。当肠壁受到气压刺激后，引起阵发性肠痉挛，导致腹痛，出现上述症状。预防的办法：

1 喂奶时应取立位或坐位，不要给宝宝卧位喂奶，喂奶后将宝宝立位抱起，轻轻拍背，使空气慢慢排出。

2 避免在宝宝过饿时喂奶，这时宝宝吮奶力过大，在奶汁有限的情况下，增加空气进入量。

3 发生“吞气症”时，不要滥用药，可用热毛巾敷于宝宝腹部以利于空气排出，或在宝宝腹部轻轻按摩，使空气从肛门排出。

从小做起，预防宝宝肥胖

如果宝宝从5个月就开始过胖，持续到4岁，肥胖的可能性就很大。过胖不利于宝宝身心健康发展。过胖的宝宝不爱参加运动性游戏，而运动和玩耍是智力发育的有利促进因素。如何防止宝宝肥胖呢？

1 母乳喂养。研究表明，喂母乳的宝宝不易超重。母乳有自动调节宝宝饥饱的功能，可避免宝宝饮食过量。母乳分前奶和后奶，前奶含蛋白质多，利于宝宝生长发育；后奶含脂肪多，热量高，使宝宝有饱腹感，有控制奶量的作用。

2 适量喂养。对于怀疑有吃奶过量或辅食过量的宝宝，有必要计算一下适当的量，不要超量喂食。辅食增加，奶量要减少。另外，不要将米粉或奶糕等食物放入奶中一起喝，这样容易造成过量喂养。

3 按时喂养。该喂养时才给宝宝吃东西。不要把喂零食当成制止宝宝哭闹的法宝。五六个月宝宝哭闹多数情况下不是因为饿，此时更应该给宝宝情感和精神上的关爱，如抱抱宝宝、唱支歌、玩玩互动游戏等。

4 增加运动量。想办法让宝宝多动一动，主动操和被动操都可以，如让宝宝自己用力拉大人手，将宝宝放在膝上跳一跳等。

宝宝的智能开发

6个月的宝宝感触觉能力发展最快，一饿了就开始哭。当宝宝的耳朵捕捉到妈妈的声音时，宝宝会停止哭泣或哭得稍微小点声儿。在看到熟悉的人或玩具时，宝宝能发出咿咿呀呀的声音，好像在对人“说话”。

认知能力训练

一次认识一种东西

方法 只要教的方法得当，宝宝5个半月就能认识灯。

目的 在这时要有计划地教宝宝认识他熟悉的日常事物。事实上，宝宝最先学会的是在眼前变化的东西，如能发光的、音调高的东西，如灯、收音机、机动玩具、猫等。

注意 宝宝感兴趣的东西，认知得就会很快。因此，要一件一件地学，不要同时让他认几种东西，以免延长学习的时间。

触觉能力训练

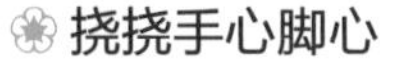

挠挠手心脚心

方法

1. 将宝宝放在床上平躺，脱掉宝宝的鞋和袜。

2. 妈妈将手洗干净，拉着宝宝的小手，用食指和中指在宝宝的手心里轻轻划动，给宝宝制造一种瘙痒感，宝宝会摇着小手躲开或攥住小手。

3. 再用同样的方法来刺激宝宝的脚心。妈妈可在做游戏时，哼唱一些儿歌，如“小手心，大指头，划过来，划过去”等。

目的 能提高宝宝的触觉反应能力，促进宝宝触觉的发展。

注意 中医学认为，手脚心通心，对宝宝的手脚心做适量的按摩有利于血液循环。因此，爸爸妈妈可经常给宝宝按摩手脚心。

爱与镜子中的“伙伴”聊天

6个月的宝宝身心的成长发育已经有了很大的变化。在语言方面，宝宝已经处于语言准备阶段了，和他说话也会咿咿呀呀地回答，还知道了说“妈妈”的时候对着妈妈，说“爸爸”时看着爸爸；在运动方面，宝宝已经能靠着坐起来了，会用手拿玩具了。

宝宝的生理特征与生长发育

宝宝会用手指物了，宝宝大小便前有明显的动作表示，如翻身、滚动、发冷、打颤等，比以前易于照料多了。这些日子也是宝宝最爱交际的时候。

动作发育

6个月的宝宝会伸手乱抓自己看见的物体，并且会送入口中，动作可以完成得非常一致。这时的宝宝可以模仿大人的动作，还可能把玩具、物品乱扔一气，可以灵活地玩耍玩具。

语言发育

6~7个月的宝宝会模仿大人牙牙学语，发出近似于“哇哇、大大、啊啊”的话。他的咿呀学语非常动听，也知道怎样故意喊叫才能引起妈妈的注意。可以用身体语言表现自己的情绪，感觉舒适时会面带笑容，如果和他讲话，会发出声音进行回应，受到大人逗时能发出笑声。开始出现恐惧心理，受到母亲呵斥时会“哇”地哭出声来。

感觉发育

6个月的宝宝已经能够区别亲人和陌生人，看见自己的亲人会高兴，从镜子里看见自己会微笑，如果和他玩藏猫儿的游戏，他会很感兴趣。这时的宝宝会用不同的方式表示自己的情绪，如用哭、笑来表示不喜欢和喜欢。

心理发育

如果与他玩游戏，他会表现出很大的兴趣。宝宝可以分辨出不同的声音，见到陌生人会感到害怕，甚至会啼哭。开始选择性地注意事物，开始表现出与父母分离后的焦虑情绪。

宝宝的营养

及时合理为宝宝添加辅食

宝宝吃完奶后意犹未尽，对餐桌上的饭菜感兴趣，能抱着坐稳，开始流涎，推舌反应等，通常这个情况发生在6月左右。这时，妈妈可以考虑添加辅食了。

过早添加辅食可能发生食物过敏，增加腹泻等其他疾病的风险，越来越多的证据表明，宝宝满6月才是添加辅食的最佳时间。

需要提醒的是，如果母乳量充足，妈妈在宝宝满6个月后按时添加辅食，依然可以继续母乳喂养，不必因此改喝配方奶粉。

怎样给宝宝添加辅食

《中国居民膳食指南》婴幼儿及学龄前儿童膳食指南部分指出，从6月开始，需要逐渐给婴儿补充一些非乳类食物，包括果汁、菜汁等液体食物，米粉、果泥、菜泥等泥糊状食物以及软饭、烂面，切成小块的水果、蔬菜等固体食物，这一类食物被称为辅助食品，简称为“辅食”。

添加辅食的顺序为：

添加谷类食物（如婴儿营养米粉）

添加蔬菜汁（蔬菜泥）和水果汁（水果泥）

动物性食物（如蛋羹，鱼、禽、畜肉泥/松等），添加的顺序为：
蛋黄泥、鱼泥（剔净骨和刺）、全蛋（如蒸蛋羹）、肉末

辅食添加的原则：每次添加一种新食物，由少到多、由稀到稠循序渐进；逐渐增加辅食种类，由泥糊状食物逐渐过渡到固体食物。

6～12个月的辅食添加

第一阶段（6月）	吞咽型辅食	6月时开始添加稀泥糊状食物（如米糊、菜泥、果泥、蛋黄泥、鱼肉泥等），首先尝试米糊，再逐渐加煮熟的新鲜蔬果泥、蛋黄泥和鱼肉泥
第二阶段（7~8月）	蠕嚼型辅食	由泥糊状食物逐渐过渡到可咀嚼的软固体食物，质地为稍厚泥糊，如动物内脏、豆腐、牛肉泥、米粥和烂面
第三阶段（9~10月）	细嚼型辅食	质地为碎末，如碎菜、虾末、瘦肉末、馒头和面片

宝宝的日常照料

6个月的宝宝，就可以经常使用婴儿车了，宝宝也喜欢坐着小车去散步。对那些易感冒、易喘气、易长湿疹的宝宝，可以洗完澡后往脚脖子浇些冷水。天气热的时候尽量让孩子习惯穿单薄些。

常用婴儿车带宝宝玩耍

6个月的宝宝可以经常坐在婴儿车里出去玩。带宝宝出去散步，妈妈要尽量走平坦的路，不要太颠簸。在选购儿童车时，要买车轮大些、座位高些的车。这样的车安全性高。

宝宝的卧室不宜放花草

1 婴幼儿对花草（特别是某些花粉）过敏者的比例大大高过成年人。诸如广玉兰、绣球、万年青、迎春花等花草的茎、叶、花都可能诱发宝宝的皮肤过敏。

2 某些花草的茎、叶、花含有毒素，例如万年青的枝叶含有某种毒性，入口后直接刺激口腔黏膜，严重的还会使喉部黏膜充血、水肿，导致吞咽甚至呼吸困难。

3 许多花草，特别是名花异草，都会散发出浓郁奇香。而让宝宝长时间地待在浓香的环境中，有可能减退宝宝的嗅觉敏感度并降低食欲。

4 一般来说，花草在夜间吸入氧气同时呼出二氧化碳，因此室内氧气便可能不足。

亲吻宝宝有忌讳

亲吻宝宝是将口唇同宝宝的脸蛋儿或口唇的亲密接触。宝宝的免疫力和抗病力低下，如果大人患病，亲吻宝宝时，可能将正患的传染病“传播”给宝宝。一般来说，有下列情况时不要亲吻宝宝。

1 感冒：不论是哪种类型的感冒，病人鼻咽部都寄生有细菌或病毒，可通过亲吻传染。

2 流行性腮腺炎：病人唾液中存在腮腺炎病毒，可通过唾液传给宝宝。

3 扁桃体炎：病人的咽喉中平时寄生有多种细菌，当咽喉遭遇葡萄球菌、链球菌等病菌的感染时，亲吻宝宝可致其发病。

4 病毒性肝炎或乙型肝炎患者表面抗原阳性：患者的唾液或汗液等会存在病毒，亲吻宝宝可使其受感染。

5 流行性结膜炎：病人的眼分泌物或泪液等均存在病毒或病菌，可传染给宝宝。

6 口腔疾病：牙龈炎、牙髓炎、龋齿等均为常见口腔疾病，大都因口腔不洁，病原微生物在口腔中繁殖，亲吻可传染给宝宝。

宝宝的常见不适与疾病的预防

6个月后的宝宝从母体获得的免疫力在逐渐降低，有的宝宝一过了6个月，非常容易患病。随着一天天长大，应该有意识地加强宝宝对自然环境的适应性锻炼，不可娇生惯养。

宝宝营养性贫血的应对

宝宝营养性贫血常表现为烦躁不安、精神不振、不爱活动、食欲不好，皮肤苍白或萎黄。贫血的宝宝往往容易得病，生长发育缓慢，严重影响宝宝的智能发育。

宝宝贫血后，父母首先要找到贫血发生的原因，查看膳食中摄入的含铁食物是否不足，辅食添加是否不及时等。

宝宝体内的储备铁只能满足出生后4个月以内宝宝的生长发育需要。因此从第4个月开始，最迟不要晚于6个月，需要着手添加辅食，并逐渐添加辅食种类。

宝宝应多吃含铁丰富的食物，如动物血、猪肝、羊肝、牛肉等。水果、蔬菜含有丰富的维生素C，有助于铁吸收。另外，还可选择强化铁食品，如强化铁的米粉、奶粉等。

宝宝从6个月起，要注意幼儿急疹的早期发现

幼儿急疹是婴幼儿时常见的病毒性出疹性疾病。本病一年四季均可发生，以冬春季节为多，发病年龄大多在6个月至2岁以内，但以6个月到1岁最多。

本病潜伏期为1～2周，平均10天左右。临床以突然高热起病，体温在数小时内上升到40℃或更高。但一般情况良好，无明显症状。少数病儿突然高热时可出现惊厥和脑膜刺激症，偶有惊厥反复发作或持续时间较长者。皮疹大多出现于发热骤退后，皮疹呈浅红色斑疹或斑丘疹，直径为2～3毫米，周围有浅色红晕，压之退色。病儿宜卧床休息，给予充足水分和易消化食物。高热时可物理降温。

果蔬中含有的维生素C，有助于铁的吸收。

宝宝的智能开发

宝宝长到 6 个月，扶站时，腿部已经能支撑住身体的大部分重量。这时，可以让宝宝练习跳跃；6 个月的宝宝正处在语言能力发展的第二个阶段，也是连续发音的阶段。

社交能力训练

让宝宝也来接待客人

方法

1. 当爸爸妈妈和别人聊天时，不妨让宝宝也参与进来。

2. 爸爸妈妈要经常抱宝宝出去玩儿，多接触一下陌生人。

目的 帮助宝宝发展社交能力，能缓解即将出现的怕生现象。

注意 宝宝也会尝试用不同的方法与你交流，并且对自己很满意，甚至假装咳嗽来引起妈妈的注意。妈妈要从宝宝善良热切的眼神中，读懂宝宝想与人交流的愿望。

模仿能力训练

洗澡玩水

方法 把宝宝放进盆里坐着，给他一只吹气小鸭子边洗边玩，洗完澡后坐在盆中央，大人握着宝宝的两只胳膊或一人扶着宝宝腋下，一人握着宝宝的双脚，边拍打水边念儿歌：“小鸭子，扁嘴巴，走起路来嘎嘎嘎。”

目的 熟悉水，提高感知能力，培养愉快情绪。

注意 不要在洗澡期间离开，以免宝宝发生危险。

宝宝看到熟悉的客人也会很高兴。

运动能力训练

蹦蹦跳跳的小青蛙

方法

1. 准备一个会爬动的青蛙玩具。

2. 让宝宝趴在床上，将青蛙放在距离宝宝1米远的地方，让青蛙“呱呱”叫着动起来，宝宝会非常高兴地看着玩具，还会努力向前爬行，去够玩具。

3. 再让宝宝坐在床上，如果宝宝坐不稳可倚靠枕头或其他东西。

4. 将青蛙放在距离宝宝1米远的地方，宝宝可能会由坐位向前倾斜变成俯卧位，企图去够玩具，这样能促进宝宝运动能力的提高。

目的 宝宝看到玩具会努力向前爬，去够玩具，有助于促使宝宝学习爬行。

注意 给宝宝玩具前，要检查玩具是否有破损，因为掉下的碎片可能会被宝宝吃到嘴中，也可能划伤宝宝的皮肤。

情感培育训练

骑大马

方法 让宝宝面对妈妈，骑在妈妈膝上，妈妈将双腿有节奏地上下颤动，一边颠一边说：“骑大马，呱哒哒，一跑跑到外婆家，见了外婆问声好，外婆对我笑哈哈。”

目的 培养宝宝的语感和节奏感，还可以引起宝宝愉悦的情绪。

注意 可反复地玩，宝宝很感兴趣。

第7个月 宝宝更依恋妈妈了

这个时期的宝宝，身体发育开始趋于平缓。这个时期的宝宝体重增长速度比较缓慢，但还是在上升。体重增长受营养、护理方式、疾病等因素的影响。这时他们更喜欢和妈妈在一起，不愿意妈妈离开。

宝宝的生理特征与生长发育

这个时期的宝宝运动能力和智力的发育非常迅速，能坐、会翻身，有的甚至可以爬行，会主动找认识的大人玩；喜欢吃各种食物且食量有所增加；由于外出机会多，从妈妈那里得来的免疫力快没了，因此，容易伤风感冒。

语言发育

能发出各种单音节的音，会对他的玩具说话。

动作发育

宝宝坐的姿势越来越成熟，时间也越来越长久。爬行的时候两只小手在前面撑着，两只小腿在后面使劲地蹬着，平衡的能力越来越强，可以爬到地点后自己坐起来。这时宝宝的动作已经有很大的灵活性了，能够很频繁地手抓东西往嘴里放。因此，不能在宝宝身边放带有危险性的物品。

心理发育

7个月的宝宝能较长时间有意识地注意感兴趣的事物，能够认识几十天前出现的事物，可以记住3~4个离别一星期的熟人，已经知道自己有名字。如果对他友善地说话，他会很高兴；如果训斥他，他会啼哭。

宝宝能够明确地表示自己的意愿，不高兴时会用撅嘴、摔东西来表达内心的不满；照镜子时会用小手拍打镜中的自己；经常会用手指向室外，表示内心向往室外的天然美景，示意大人带他到室外活动。

宝宝的营养

7个月的宝宝已开始萌出乳牙，有了咀嚼能力，舌头也有了搅拌食物的功能，对饮食也越来越多地显出个人的爱好，因此喂养上也有了一定的要求。

宝宝辅食要少盐

宝宝的肾脏发育还不够成熟，排钠能力较弱，还不足以浓缩血液以排出大量钠，如果宝宝的辅食太咸，就会加重宝宝的肾脏负担。宝宝长期吃过咸的食物，还会使体内钠离子增多，造成太多钠离子随尿排出，进而容易引起心脏、肌肉衰弱。

巧妙纠正宝宝挑食

实际上，宝宝在这时候对食物表现出来的挑挑拣拣，是一种无意识、无目的的行为，在一定的程度上包含着游戏的成分。

如何让宝宝不挑食？在宝宝吃饭时，要避开容易引起宝宝注意力的事情，避免让宝宝边进食边做其他事情，创造一个良好的进食环境。爸爸妈妈要多用语言赞美宝宝不愿吃的食物，并带头尝试，故意表现出很好吃的样子。宝宝对吃饭有兴趣后，妈妈应该经常变换口味，能有效避免宝宝对某种食物的厌烦。

食用家庭自制食品的注意问题

1 准备新鲜食物前要洗手，用具及桌面都要清洁、消毒；原料要安全、新鲜、优质。蔬菜、水果应尽量削皮，不能削皮的蔬菜水果应用加盐的水或清水浸泡，以去除残留农药。

2 现吃现做，尤其制做菜汁、碎菜或含菜食物时，无论生熟均不能久置，避免留几个小时再食用。

3 鸡蛋或鹌鹑蛋要煮熟，有的地区有吃溏心蛋的习俗，认为更营养。但生蛋白含有沙门氏菌，对宝宝的健康不利；如难以确定食物是否新鲜、安全，最好丢掉。

宝宝的日常照料

现在的宝宝对看到的东西已经具有了直观思维的能力，宝宝需要稳定的照料。但日常的照料者太多，也会给宝宝增加不安全感。宝宝已经能听懂父母对他表示赞扬或批评的语言，并能逐渐用手势表示语言。

不要让婴儿看电视

宝宝有了听觉和视觉后，有的家长在看电视时会抱着他看电视，这样对宝宝的视力不好。因为宝宝看电视，对彩电发出的X射线比成人敏感得多，经常受这种射线的影响，会引起宝宝食欲缺乏，甚至影响其智力的发育。

另外，宝宝眼睛的调节功能还很弱，与电视屏幕间隔的安全距离也与成人不一样。再说，宝宝有思维单一，会凝视屏幕目不转睛，很容易造成近视、远视、视力减退和斜视。

别让宝宝跟狗太亲近

爸爸妈妈带着宝宝到户外活动的时候，千万别让宝宝逗狗玩，因为这也是宝宝意外受伤的常见情况，而且可能给宝宝造成难以想象的伤害。

造成狗咬伤宝宝的原因，一是狗的生性的问题；二是宝宝的行为问题。当宝宝在户外遇到狗的时候，爸爸妈妈应该注意：

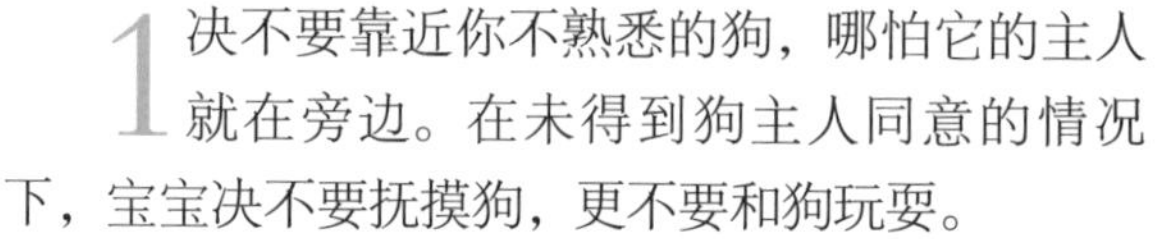

1 决不要靠近你不熟悉的狗，哪怕它的主人就在旁边。在未得到狗主人同意的情况下，宝宝决不要抚摸狗，更不要和狗玩耍。

2 狗到宝宝跟前的时候，千万不要试图逃跑，平静地站着，可能它只是想嗅嗅宝宝的气味而已。

3 遇见一条陌生的狗，千万不要和它相互盯着眼睛看，因为对狗来说，它会认为你是在向它挑衅。

4 不要打搅正在睡觉、吃东西或正在照顾小狗的狗。

爸爸这时最好不要做工作狂，尽量推掉工作上的应酬和朋友的聚会，每天下班早点回家陪陪宝宝，增强父子感情。

宝宝的常见不适与疾病的预防

宝宝进入第7个月，从母体带来的抗感染物质减少或消失，因此，宝宝的免疫力降低，因此，宝宝需要从小提升免疫力，以增强体质。

宝宝常见腹痛症

宝宝哭闹是否由腹痛引起，可通过观察他们的表现来判断。

患急性阑尾炎的病儿喜欢向右侧卧，双腿微屈，维持这样的体位可以减轻疼痛。

患胆道蛔虫症的病儿，由于蛔虫钻入胆道，活的蛔虫在胆道内骚动，引起剧烈的上腹部痉挛，痛时高声叫喊、坐卧不安，或屈体捧腹、爬滚在地，病儿常用两手抓上腹部的皮肤或要父母揉搓。

一个健康的宝宝，如果骤发号哭，两手紧握乱动，面色苍白，满头大汗，拒绝进食，也是腹痛的表现；若这种现象反复出现，在腹痛缓解时，病儿能拿玩具或吃奶，但时而却又哭闹，同时出现恶心、呕吐和便血，据此基本可断定患的是急性肠套叠。

怀疑宝宝患腹痛症时，爸爸妈妈首先必须进行细致的观察，不要惊慌失措，在就医时将观察到的现象告诉医生，有利于对病儿尽早做出诊断。

宝宝肺炎的识别和患肺炎时的照护

对于爸爸妈妈来说，学会肺炎的识别和家庭照护十分重要。

当宝宝安静的时候，你可以观察他胸、腹部的起伏，来数1分钟呼吸次数，当0~2个月的宝宝，呼吸次数大于或等于60次/分钟，2~12个月宝宝呼吸次数大于或等于50次/分钟，1~3岁以内宝宝呼吸次数大于或等于40次/分钟，均可判断为呼吸增快，进而诊断宝宝为轻度肺炎。

重度肺炎的诊断还需加上“胸凹陷”，重度肺炎必须及时到医院治疗。

没有呼吸增快和胸凹陷的宝宝，仅仅有咳嗽、流涕等症状就可以视为上呼吸道感染。继续进食，多喂水，注意观察病情变化是家庭护理的三原则。

手足口病的早期发现和护理

手足口病是一种急性传染病，多见于3岁以下小儿，发病季节多在4~7月。除有发热、咳嗽、全身不适等外，主要表现在宝宝手、足、口三处出现小水疱，而水疱迅速破裂形成糜烂面、浅溃疡。2岁以下小儿发病者还会出现中枢神经症状。

预防手足口病父母应做到：饭前便后、外出回来后要给宝宝洗手，避免让宝宝接触患病的宝宝。接触宝宝前，替宝宝更换尿布、处理粪便后均要洗手，并妥善处理污物。宝宝使用的奶瓶、奶嘴使用前后应充分清洗。疾病流行期间不宜带宝宝到人群聚集的公共场所，居室要经常通风，及时对宝宝的衣物进行清洗晾晒或消毒。宝宝出现相关症状要及时就医。轻症的宝宝不必住院，宜居家治疗、休息，以减少交叉感染。

宝宝的智能开发

这一时期的宝宝智能有了长足的进步，他们最愿意用手做工具，开始能解决简单的问题，如怎样得到够不着的玩具；能通过接触、摇晃、品尝和观察来记住物体。

认知能力训练

让宝宝记住自己的名字

方法 7个月的宝宝能够知道自己的名字。如果叫他没有反应，爸爸妈妈就应该告诉他："亮亮是你的小名，这是在叫你呢！"然后再叫宝宝的名字，如果他有反应就鼓励他，抱抱他或亲亲他，这样反复几次，宝宝就能听懂他的名字了。

目的 培养宝宝认知能力。

注意 宝宝在7个月时，应让宝宝的各种感触、智能都得到全面的开发。

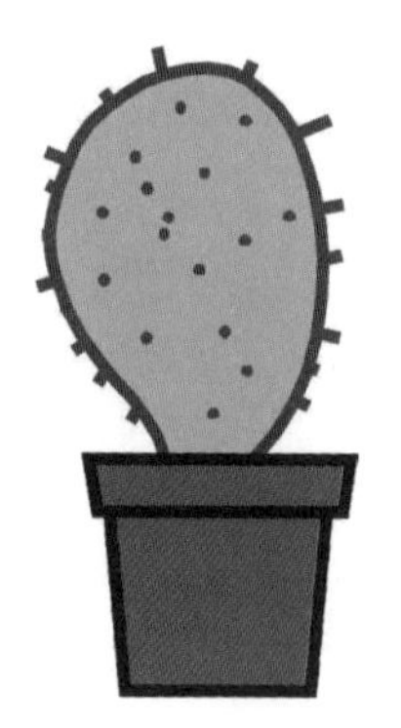

情感培育训练

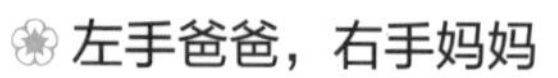

左手爸爸，右手妈妈

方法

1. 让宝宝坐在专属的椅子上，爸爸坐在宝宝的左边，妈妈坐在宝宝的右边。

2. 准备一个发音小玩具，如能捏响的鸭子或拨浪鼓等。

3. 妈妈拿着鸭子并捏响，吸引宝宝转头看妈妈和手中的鸭子，同时妈妈要告诉宝宝"妈妈和小鸭子在这儿呢，在宝宝的右边"。

4. 爸爸躲过宝宝的视线，将鸭子抢过来并捏响，等宝宝转头向左边看时，爸爸告诉宝宝"鸭子在这儿呢，在宝宝的左边"。

目的 让宝宝在游戏中对空间概念有个初步的认识与感知，促进宝宝空间知觉能力的发展。

注意 如果宝宝分不清声音的发出方向，仍然将头转向妈妈，妈妈就指着爸爸，告诉宝宝"鸭子在那儿呢，在宝宝的左边哦"。爸爸也可跟宝宝说："宝宝看左边，鸭子在宝宝的左边。"

社交能力训练

宝宝去做客

方法

1. 准备一个大熊的玩具，放在床上。打扮好宝宝，告诉他："宝宝，咱们去做客了，去看熊宝宝，看宝宝打扮得多漂亮啊，咱们出发吧！"

2. 妈妈抱着宝宝去床边，跟宝宝说："宝宝，咱们到了，进去跟熊宝宝问好。"走到床边，妈妈将宝宝放在大熊旁边，拉着宝宝的手和大熊的手，教宝宝说："熊宝宝好，我们来看你了。"

3. 让宝宝跟熊宝宝玩一会儿，跟宝宝说："宝宝，咱们该回家了，跟熊宝宝再见！"

目的 提高宝宝的交往热情，锻炼宝宝的交往能力。

注意 在做客期间，可以即兴增加一些内容，如扮演大熊跟宝宝对话等，让宝宝充分理解做客的快乐。

运动能力训练

学习"爬"

方法 在俯卧练习抬头时，可用手抵住宝宝的足底，宝宝会用全身力量向头方窜行，这种类似爬行的动作是与生俱来的本能，称为匍匐爬行。最开始宝宝自主爬因为不能很好地掌握技巧，所以可能会是向后退的爬行方式，因此家长在后面做的抵脚作用很大，能很快让宝宝掌握爬行。

目的 不是让宝宝马上会爬，而是通过练习，促进宝宝大脑感觉的健康发展，同时，也是开发智力潜能、激发快乐情绪的重要方法。

注意 如果没有这种训练，有些宝宝到11～12个月时才能爬，或者根本不会爬，就直立行走。

语言能力训练

懂得"不"

方法 妈妈指着热水杯对宝宝严肃地说："烫，不要动！"同时拉着宝宝的手轻轻触摸杯子，然后把他的手离开物品，或轻轻拍打他的手，示意他停止动作。对宝宝不该拿的东西要明确地说"不"，使其懂得"不"的意义。

目的 在理解"不"的基础上，增强对语言的理解能力。

注意 宝宝懂得大人的摇头、摆手表示"不"，可以避免宝宝受伤。

第8个月 宝宝发育的里程碑——爬

这个时期，爬行对宝宝的身心健康非常有益，是预防宝宝成长期感觉综合失调的重要方法。感觉综合能力是大脑的高级功能，是思维、语言、推理等发展的基础，也是智慧活动得以充分实现的基础。

宝宝的生理特征与生长发育

宝宝到了这个阶段，手变得更加灵活自如，在精细动作方面又有了突飞猛进的发展。宝宝手的动作发育是从一把抓开始的。

动作发育

长到8个月的宝宝不仅已学会自己坐起、躺下，还可独自扶着家具站立起来，但可能会因站不稳而摔倒，需要父母很好地看管。宝宝的手指变得十分灵活，可以同时拿起很多东西。宝宝的视力已经接近成人了，视神经开始充分发育，对距离分辨得更加清晰，房间中的任何东西都可能引起宝宝的兴趣，并且开始害怕边缘和高处。

语言发育

8个月的宝宝根据妈妈的声音已经学会了一些简单的词语，比如“妈妈”、“爸爸”、“拜拜”等。这时父母应该多用准确而又易懂的语言和宝宝说话，宝宝在反复观看和倾听父母说话，并逐步建立动作与词语的联系。宝宝在不满时会发出“咕咕”的愤怒声，已经可以理解“好乖”等赞扬的话，表现出高兴或委屈的表情。

心理发育

8个月的宝宝认人的能力更加强了，看见熟悉的人会用笑声表示认识他们，看见亲人想让他们抱。新鲜的事物会引起他们的好奇和兴奋，如果拿走自己喜欢的玩具，宝宝会大哭大闹。喂他东西吃，他会用手推开把脸扭向一边，会用哭声来表达自己的不满，需要父母的关注来获得安慰。

宝宝的营养

宝宝还处于婴儿的中期，其生长的速度比前半年有所减慢，这一时期宝宝的胃容量已经达至200毫升左右，为了满足宝宝生长发育的需要，应多次喂哺。

强化食品的科学选择

强化食品就是将一种或几种营养累加到食物中去，补充其不足或补充加工制造过程中营养素的损失，使之能改善或提高食物的营养价值及生物利用率。选用强化食品时应遵守的原则是：

1 强化食品载体的选择。应以每日基本定量摄入的主食或主要辅助食品为首选载体，如乳类、代乳品及其他各类制品（米粉）等。简单地说，就是选择宝宝每天都吃的东西作为强化食品的载体。

2 强化剂的选择。要补充当时、当地摄入的食物中缺乏的营养素。因为各地营养素缺乏是不均衡的，爸爸妈妈在选用时一定要了解所处环境的情况。

3 强化剂的剂量。强化剂的剂量必须合适，应根据我国营养学会推荐的各营养素的每日供给量及平均每日摄入不足的部分为强化量。缺什么补什么，缺多少补多少。

如何给宝宝加点心

点心是宝宝正餐的营养补充。吃点心可以增加生活的乐趣，多种多样的点心不但可以丰富宝宝的感知，还可以调节身体的胖瘦。

关键的问题是安排好吃点心的时间，适宜做点心的食品及点心的量才行。点心的选择要根据宝宝的营养状况而定。

煮熟或蒸熟的天然材料是适合宝宝的最佳零食。

对一个较胖的宝宝每日的奶量、正餐量进行计算后，新摄入量一定会比原来的摄入量少一些，那么在两次正餐之间的点心就是必不可少的。否则，宝宝可能会有饥饿感，还会因此而哭闹并影响情绪，不能不给他吃，又不能让他摄入过多的热量。

而对一个食量小、体重增长不良的宝宝，用点心作为正餐的营养补充就格外重要。对这种宝宝一日点心提供的热量应占到总热量的10%～15%。

宝宝的日常照料

满 8 个月的宝宝，运动能力更强了，显得更加活跃，醒着时一刻也不停息地运动。如果把一张爸爸妈妈的照片给宝宝看，他会认出照片上的爸爸妈妈，高兴地拍手。由于宝宝活动能力的增加，可能会在意想不到的时候发生事故。

不要抱宝宝在路边玩

我们提倡爸爸妈妈多带宝宝到户外玩，多晒太阳，但不赞成常抱宝宝在路边玩。爸爸妈妈们认为，马路上车多人多，宝宝爱看，只要把宝宝看好，不碰着宝宝，在路边玩要很省事。其实马路两边是污染最严重的地方，对宝宝和大人都极为有害。

汽车在路上跑，排放的废气中含有大量一氧化碳、碳氢化合物等有害气体，马路上空气中含汽车尾气是最高的，污染是最严重的。马路上各种汽车鸣笛声、刹车声、发动机声等噪声影响宝宝的听力发育。

马路上的扬尘，含有各种有害物质和病菌、微生物，损害宝宝的健康。

带宝宝玩耍，最好到公园或郊外空气新鲜的地方去。

宝宝发烧与体温的测量

当爸爸妈妈感到宝宝不活泼、不爱玩或吃饭不香时，别忘了给他测测体温，看他是否发烧了。

给宝宝测量体温不能放在口里，因为他也许会把体温计弄破，割破口、舌或咽下水银，这是很危险的。给宝宝测体温只能从腋下或肛门测量。宝宝的正常体温是 36～37℃（腋下）。

如果宝宝发烧，应让他卧床休息，多喝开水，体温太高可以物理降温，如酒精擦浴、冷毛巾湿敷、头枕冷水袋等。

爸爸妈妈还要观察一下宝宝其他的症状，如是否呕吐、腹泻、咳嗽、气喘等，以便带他去医院看病时给医生详细地介绍，协助医生作出正确的诊断。看病之后，就要按医嘱吃药，只要没有出现特殊情况，就不要接连不断地再去医院。

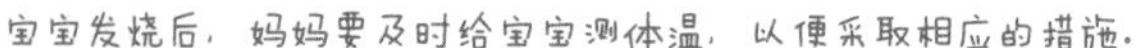
宝宝发烧后，妈妈要及时给宝宝测体温，以便采取相应的措施。

宝宝的常见不适与疾病的预防

随着活动能力的增加，宝宝接触疾病的机会也在增加。因此，这个时候的爸爸妈妈要提防宝宝常见疾病的发生，以及懂得这些常见疾病的预防方法。

6 个月以后的宝宝易得病

不少爸爸妈妈都有这样的深切体会，那就是：6 个月到 1 岁的宝宝容易得感冒、支气管炎及肺炎等呼吸道感染性疾病；而 6 个月以前却很少生病。这是因为 6 个月前的宝宝从母体里获得大量的抗体，增强了宝宝对病毒的抵抗力。而随着年龄的增长，宝宝血液中来自母亲的抗体含量逐渐下降，6 个月左右已降至最低水平，不足以抵御外界病原微生物的侵入，而自身的免疫系统还没有完全形成，所以 6 个月以后的宝宝比较容易生病。

宝宝进食后总爱打嗝如何是好

宝宝常因啼哭或吃奶过急引起打嗝，轻的打嗝几分钟即消失，重的打嗝不止，以致脸色发青，影响睡眠。宝宝打嗝有解法：

1 当宝宝打嗝时，先将宝宝抱起来，轻轻地拍拍背部，喂一些温开水。

2 如打嗝是受寒引起的，可让宝宝喝些热开水，在胸腹部盖些被子，冬季在衣服外放置一个热水袋保温。若发作时间长，经以上方法又未收到效果，可在开水中放一些陈皮，待水温后饮用，有一定效果。

3 由于饮食不当引起打嗝，可闻到酸臭味，可轻轻按摩宝宝腹部，同时用焦山楂 12 克，冰糖 10 克加水煎汤服用。

当宝宝打嗝时，妈妈可以把宝宝抱起来，轻拍后背，可以得到缓解。

宝宝的智能开发

宝宝会坐了，手指更为灵巧，可以拿住细小的东西，会独自吃饼干；开始理解成人简单的语言意义，能按成人简单的命令行动。做游戏是宝宝开发潜能的最佳方法，爸爸妈妈平时可以多和宝宝做一些小游戏，来开发宝宝的潜能。

运动能力训练

学习“爬”

方法 当宝宝可以匍匐爬后，我们的下一步爬行训练重点就要放在翘臀爬，家长可以在宝宝肚子下面穿过一条围巾，两头合并后向上提拉，帮助宝宝完成四肢着地，最开始家长提拉力度大一些，慢慢要让宝宝自己练习四肢自主撑地。

目的 练习宝宝四肢交替配合爬行，锻炼宝宝平衡能力。

注意 家长拉围巾时，力度要适度，避免弄伤宝宝。

听觉能力训练

认识金鱼缸

方法

1. 抱着宝宝到鱼缸前，告诉宝宝说：“这是鱼缸。”指着里面正在游动的金鱼告诉宝宝：“鱼缸里面有金鱼在游泳。”

2. 拿起宝宝的小手，让宝宝触摸鱼缸，并转到金鱼停留的位置，让宝宝轻拍鱼缸，然后告诉宝宝：“宝宝看，金鱼被宝宝吓跑啦！”

目的 帮助宝宝感受生命，提高自然感知能力。

注意 鱼缸是家中常见的装饰品，也是帮助宝宝认识自然的好材料。此外，家中的花草、小鸟等也可以作为认识自然的好材料。

数学能力训练

1个草莓

认识“1”

方法

1. 准备水果、饼干、糖果若干，字卡“1”。
2. 妈妈拿出1块饼干或糖果，竖起食指告诉宝宝：“这是‘1’。”
3. 让宝宝模仿这个动作，再把食物给宝宝，并再次竖起食指表示“1”。
4. 同时，出示字卡，让宝宝认识“1”。

目的 建立宝宝对数的概念。

注意 妈妈应引导和启发宝宝接近数字。有的宝宝对汽车感兴趣，有的对笔感兴趣，妈妈可根据宝宝的喜好引导宝宝反复认识“1”。而且要反复、准确地发出数字“1”的读音，将声音和形状相结合，加深宝宝对数字的印象。到宝宝1岁时，她就可能用手自己完成出示“1”的动作了。

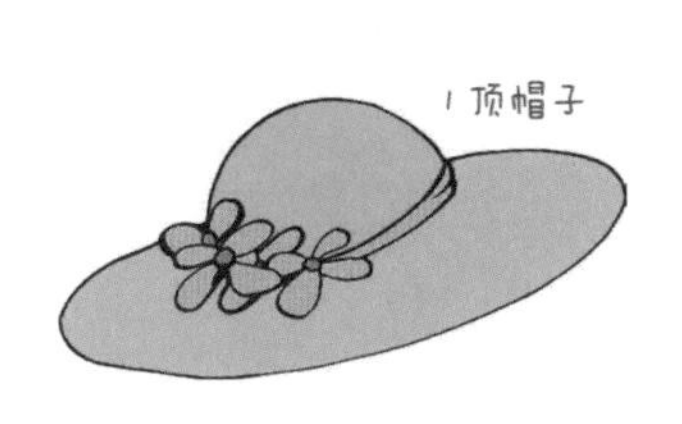

社交能力训练

做个懂礼貌的乖宝宝

方法 日常生活中，爸爸妈妈要有意识地给宝宝灌输礼貌用语：

1. 爸爸妈妈出门时向宝宝挥挥手，跟宝宝说：“宝宝再见。”
2. 家里有客人离开时，妈妈可拉着宝宝的小手边挥动边说：“再见。”
3. 有客人来时，拉着宝宝向客人挥手欢迎，并说：“您好。”
4. 妈妈给宝宝喂饭时，教宝宝说：“谢谢”。

……

目的 礼貌是与人交往的基础，让宝宝做一个外在修养很好的乖宝宝。

注意 妈妈从这时就开始重视让宝宝学习与人交往，并进行耳濡目染的教育，这样才能帮助宝宝在未来的人际交往中轻松应对，表现出大方得体的素养。

第9个月 时刻敲打不停的宝宝

9个月的宝宝生活已经有一定的规律了，肚子饿了会叫会闹，每天都会定时大便。这时，宝宝“喜新厌旧”的速度开始加快，喜欢新的刺激，遇到感兴趣的物品，试图把它打开看个究竟，还可能用其他东西打击它。对曾经见过现在不在眼前的东西有了记忆。

宝宝的生理特征与生长发育

这时的宝宝好奇心非常强烈，也非常淘气，看到远处的物体会用力地抓拿，细小的物体则会用手指轻轻地拿起；喜欢到处搜索喜爱的物品，如果拿不到就非常着急。

动作发育

9个月的宝宝能够自由地坐起，能够灵活地到处爬行，可以把杯子、奶瓶随手抓起，自己会找东西吃，可以借助物体很好地站立，活动范围也明显地变宽。

语言发育

在大人的教导下，能模仿发出双音节，如“爸爸”、“妈妈”等。这时宝宝能将感知的物体和动作、语言联系起来，如妈妈指着自己的鼻子说：“你的鼻子呢？”宝宝就会摸摸自己的小鼻子。在今后的两三个月里宝宝用姿势表示语言的水平将达到最高点，他的动作不但种类多而且精确，会展开胳膊去学鸟飞，会用两个食指点点，学虫虫飞等。

认知发育

此时的宝宝也许已经学会随着音乐有节奏地摇晃，能够认识五官；能有意识地模仿一些动作，如喝水、拿勺子在水中搅等；懂得害羞，会与大人一起做游戏，如大人将自己的脸藏在纸后面，然后露出脸让孩子看见，孩子会高兴，而且主动参与游戏。

心理发育

有些宝宝开始害怕水，对洗澡已经不感兴趣了，通常在父母多次地呵斥下才会很不情愿地进入水中。现在是培养宝宝独立性的好时机，父母应该随时随地教宝宝做一些力所能及的事情，以培养宝宝的自理能力，让宝宝早日摆脱依赖父母的心理。

宝宝的营养

宝宝此时已相当能吃，一天要吃三餐辅助食物的宝宝多了起来，辅食慢慢在向主食靠近，渐渐能吃大人吃的饭食，食用母乳或奶粉的次数开始下降。

适时调整食物

宝宝心理学家阐明，食物影响着宝宝的精神发育。不健康情绪和行为的产生与不合理的食物结构有着相当密切的关系。所以，平常爸爸妈妈在照料宝宝时，就要注意观察，及时根据宝宝的情绪调整食物结构。宝宝表情淡漠，容易孤僻、抑郁时，需要及时补充维生素；爱动、喜欢啼哭、容易发脾气的宝宝，要尽量少吃甜食；手脚容易抽动、夜晚喜欢磨牙的宝宝，则缺乏钙质，应补充钙质等。

蔬菜、水果的完美结合

蔬菜与水果中富含人体所需的维生素和各种营养成分，而这些养分均是宝宝生长发育不可缺少的“黄金物质”。但有的宝宝只喜欢品尝水果，有的却对蔬菜情有独钟。其实，蔬菜与水果对宝宝来说各有千秋，营养差异甚大。科学研究也证明，蔬菜比水果更有利于宝宝的健康发育。苹果与青菜比较，苹果的含钙量只有青菜的 25%，含铁量为 10%，胡萝卜素只有 4%。当然，水果也有蔬菜所不能及的保健优势，因此，需要爸爸妈妈在日常生活中，做到互相补充，而不是偏重于一项，更不能互相取代。

切忌人为地对食物加以区分

如果宝宝对某些食物比较感兴趣，一下子可以吃许多，而另一些食物一点也不吃，只要这些食物有营养价值，就让他去吃好了。解决问题的最好方法，就是 1 周只上 1～2 次他最喜欢的这种食物，而且每个家庭成员都应该有一份。在他挑食的时候，如果你说“不吃完蔬菜就甭想再吃肉”，或者说“盘子里的东西不吃完就甭想饭后吃点心”，那么，你实际上剥夺了他吃蔬菜和主菜的胃口，使他更想吃肉类和饭后点心了，结果同你所希望的正好相反。

辅食可以有各种蔬菜、鱼、蛋、肉类，可以吃猪肉和鸡肉，肉制品必须做成肉末，至少也要剁得像肉馅那样。

宝宝的日常照料

9个月宝宝对周围事物显示出无限的兴趣，各项机能迅速发展。由于宝宝脏腑娇嫩，体质和功能均较脆弱，所以，喂养不当和风寒外袭引起的疾病占宝宝疾病的大半以上。因此，需要爸爸妈妈做好照料护理。

要想宝宝安，常带三分饥和寒

古有“头要凉而背要暖，食勿饱而衣勿饰”，这是说，把握适度的喂养和衣着，对提高宝宝抗病能力和健康发育至关重要。

许多爸爸妈妈都认为宝宝生长发育迅速，哺乳时间以长为好，吃东西以饱为好，饮食上总认为以高蛋白质、高能量为佳，殊不知长此以往，将致使宝宝的消化系统超负荷运转，引起消化功能的减弱。有的父母对宝宝爱之过甚，怕宝宝受凉，不管气温高低，都给宝宝长时间地裹着，致使宝宝皮肤毛孔、汗孔长时间处于开放的状态，出汗增多，肌体阴液耗损，同时抗病能力降低，一旦遇到寒热外邪的侵袭，就很容易患病。

宝宝的穿衣，比大人多一件即可，不要太“捂”着宝宝。

千万别将婴儿抛起来玩耍

父母喜欢自己的宝宝，总想逗宝宝开心地笑。哄孩子开心的办法很多，其中有一个为人们经常采用的玩法就是将宝宝用力向空中抛起，然后双手接住宝宝，宝宝会被逗得咯咯地笑，父母也很愉快。但是殊不知，这种游戏潜藏着极大的危险性，对宝宝的健康极为不利。

1 宝宝出生后头的大小和重量占全身比例相对于成人要大得多，而且，颈部和全身肌肉较松软，对头的支撑力较弱，如果用力将宝宝抛起，则因为头的重量大，脊柱的缓冲作用小，头部很容易受到震荡和冲击。

2 对宝宝的内脏器官起固定作用的组织相对薄弱，内脏器官位置相对不固定，如果用力抛摇宝宝，会造成宝宝的内脏组织发生移位或扭转。另外，也有将宝宝摔落地上的危险。

以上情况均会对宝宝造成不应有的伤害。所以，为了宝宝的安全起见，不要做这种危险的游戏。

宝宝的常见不适与疾病的预防

必须预防各种传染病和医治宝宝的慢性病、先天畸形等。一旦发现宝宝营养不良，首先要找到病因，如是喂养不当，应在营养专家指导下逐渐改善喂养方法。

体重增长不足的原因与应对

如果宝宝有体重增长不良的情况，父母应积极寻找原因，并及时纠正。

引起体重增长不足的原因需要从以下三个方面考虑：

1 疾病因素。腹泻及呼吸道反复感染是影响6个月以后宝宝体重增长不足的原因之一。因此，为了减少宝宝患病的概率，需要增加宝宝的户外锻炼及营养的摄入。

2 营养因素。喂养不当是宝宝体重增长不足的主要原因。宝宝半岁以后，辅食添加不及时、不足可以造成宝宝喂养困难，营养素摄入不足，从而体重增长缓慢。如过早地添加某一食物种类、初次添加捕食的量过大，也可使宝宝的肠道难以适应，导致消化不良，造成宝宝体重增长缓慢，甚至体重不增或下降。因此，添加辅食时，无论从量上还是从种类上，需遵守循序渐进的原则。

3 心理因素。有的宝宝吃得很好，摄入的营养也充足，睡眠好，也未患病，但是体重仍然不能令人满意。此时应考虑到宝宝是否缺乏母亲的爱抚，是否缺乏适宜的刺激，例如抚摸、亲吻、逗引、玩耍、交谈等。

痢疾的预防和宝宝患痢疾后的饮食护理

宝宝痢疾发病率高，极易出现高热、头昏、惊厥等危重症候，若不及时救治，往往导致严重后果，所以应特别注意。宝宝患痢疾后，父母如何做好宝宝的饮食护理呢？

1 呕吐频繁时，可短期禁食。

2 然后给予少油腻的流质，如藕粉、豆浆等。

3 待病情好转，再及早进食。这时可给予少渣、易消化的半流质，如麦片粥、蒸蛋、煮面条等，并多补充水分。

4 在恢复后期，应设法引起宝宝的食欲，在饮食中增加营养和蛋白质，开始可少食多餐，逐渐增加，以避免消化不良。

5 忌食生冷瓜果、香甜油腻的食物。

宝宝的智能开发

9个月的宝宝现在可以开始练习、协调和完善一些技能。宝宝现在可以自己坐起来了，在不睡觉的时候会不停地爬。宝宝现在可以调整手指来拿到自己想要的东西了。宝宝喜欢有人陪着在同一个房间里玩。当宝宝不停地重复一个音节时，表明宝宝想要说话了。

运动能力训练

扶着桌子找妈妈

方法

1. 让宝宝扶着桌子站稳，妈妈站在桌子的对面或侧面，告诉宝宝："看，妈妈在这里。"

2. 当宝宝注意到妈妈时，妈妈躲到桌子底下，然后再喊道："宝宝，妈妈在哪里？"并诱导宝宝蹲下，然后在桌子下面对视。

3. "妈妈在这里"，妈妈从桌子下出来，站起来问，"宝宝，妈妈在哪里？"逗引宝宝也跟着出来。

目的 让宝宝学会控制自己的身体，为独自站立和走路打好基础。

注意 这个游戏适合已经学会扶站的宝宝，除了站立和下蹲，还可以引导宝宝扶桌子做弯腰、伸腿等动作，让宝宝学习控制自己的身体。

语言能力训练

唱儿歌

方法

1. 爸爸妈妈要抽空给宝宝放一些儿歌，或者自己唱歌给宝宝听。
2. 在唱儿歌时，要伴随着丰富的表情和动作，这样更能吸引宝宝。

目的 培养宝宝的听力和乐感，刺激宝宝多说话。

注意 放儿歌时，声音不要太大，避免影响宝宝听觉发育。

两只羊

东边一只羊，

西边一只羊，

一起来到小桥上，

你也不肯让，

我也不肯让，

“扑通”、“扑通”掉进河中央。

开始向直立过渡

这个时期的宝宝身体发育仍然较快，一年的时间，宝宝越来越惹人喜欢了，四肢、语言、心理等都有了明显的变化。大多数宝宝都很乐于模仿妈妈，学习妈妈的举止有助于宝宝长大后和别人相处。

宝宝的生理特征与生长发育

宝宝一年来最大的变化，就是能够单独步行，最初肯定会非常僵硬、不灵活，而且每个人都有差异。宝宝每天的活动是很丰富的，在动作上从爬、站立到学行走的技能，日益增加，好奇心也随之增强，很像一位探索家。

动作发育

10 个月的宝宝坐、爬能力已经很好，此时，开始蹒跚学步了，可以自由地爬到想去的地方玩耍。拇指和食指已能协调地拿起小的东西，已经学会招手、摆手等动作。还喜欢模仿成人的举动，不愉快时就会表现出很不满意的表情。由于视觉的开阔和精力的旺盛，任何新奇的东西都可能引起他的强烈兴趣。也开始变得非常顽皮，会故意把东西随处抛落，让大人成天跟在他身后。

语言发育

10 个月的宝宝已经可以说出“饭”、“吃”等简单词语。如果妈妈把耳朵凑近，宝宝会喜欢发出“咯咯”、“嘶嘶”等有趣的声音。

心理发育

10 个月的宝宝开始对涂画感兴趣了，虽然经常看到的是非常凌乱的线条，但一定程度上体现出宝宝的发育程度。这时，宝宝的心情开始受妈妈的情绪影响，妈妈若轻松快乐，宝宝也会显得非常兴奋；如果妈妈心情沮丧，宝宝也会不高兴。现在的宝宝已经显示出很强的占有欲，不愿与同伴分享同一样物品，可以表达“不要”、“再见”等感情了。

宝宝的营养

宝宝的饮食跟前一个时期也有了很大的变化。母乳已经不能满足其生长发育所需要的全部营养了，因此从这个月起，辅食将正式成为主食，可以让宝宝和大人一起吃饭。

不要让吃饭成为负担

要设法使吃饭成为一件愉快的事情，使他很想吃饭，尽量不要采取恐吓或鼓励的方法谈论吃饭的问题，要争取让他自己专心注意自己的胃口。那么如何才能使宝宝有胃口呢?

1 就是要连续2~3个月给他喂他最喜欢吃的营养食物（尽量使饮食搭配平衡），别给他喂那些他十分讨厌的食物。

2 千万不要生气地在宝宝面前摔盘子、摔碗，严厉地对他说："如果30分钟之内你还是不吃，我就把这些东西端走，晚饭前你什么也别想吃。"然后盯着宝宝。这种态度会把宝宝的食欲给吓跑了，执拗的宝宝受到挑战之后，总是比爸爸妈妈还更能坚持战斗。

五色食物给宝宝均衡营养

食物按照颜色来分类，可分为：绿、红、黄、白、黑五大类食物。

绿色食物是指各种绿色的新鲜蔬菜、水果，这类食物含有维生素A、B族维生素、维生素C、叶酸等，具有护肝和助消化的功能，是人体的"排毒剂"。

红色食物指偏红色或橙红色的新鲜蔬菜、水果及各种畜类的肉及肝脏，这类食物富含铁质、维生素A、番茄红素等抗氧化物质，能帮助造血，维持血管弹性，促进食欲。

黄色食物多为五谷、豆类和黄色蔬果，维生素A、维生素D的含量均比较丰富，对肠胃有益，还有助于钙的吸收。

黑色食物以黑色菌菇、海菜为主，这类食物含有多种维生素、矿物质，如锌、锰、钙、铁、碘、硒等，对骨骼生长及生殖功能都有所帮助，还能增加免疫力。

白色食物指蔬果中的瓜类、果实、笋类及米、豆、奶、蛋、鱼类，可以为人体提供淀粉、蛋白质、维生素等营养，既能消除身体的疲劳，又可促进疾病的康复。

宝宝坚持五色食物均衡，可以保证宝宝营养均衡。

宝宝的日常照料

10个月宝宝的健康成长是妈妈们最大的欣慰，宝宝身体有了显著变化，宝宝身体变得非常结实，对疾病的抵抗力也明显地提高了，宝宝的新成长计划也在悄然展开中。

让宝宝独睡好还是和父母睡好

宝宝和妈妈睡在一起，妈妈和孩子接触过于密切，妈妈呼出的气会直接吹到宝宝的脸上，对宝宝的健康不利。如果妈妈感冒，会很容易传给孩子。

另外，妈妈搂着孩子睡觉，会造成宝宝对母乳的依赖，养成含着乳头睡觉的坏习惯，这样有发生呛奶窒息的危险，并会影响宝宝的牙齿发育。

那么，是不是就应该和宝宝分开睡呢？

其实也不尽然。从宝宝的角度来说，妈妈的怀抱就是他的港湾，蜷缩在妈妈身旁，宝宝会更感舒适、温馨、甜蜜，醒来摸不到妈妈，他会感觉惊慌而大哭。有人做过调查，和父母分开睡的宝宝长大后发生性格偏移的概率较和父母一起睡的宝宝要高得多。有的家长让宝宝自己睡，小床离大床很远，宝宝夜间踢开被子都不知道，结果造成宝宝总是感冒。

所以，家长要根据自家的情况，可以和宝宝同睡一床，但最好不要睡一个被窝；也可以让宝宝独睡一床，但要注意小床要有护栏，而且最好把小床放在大床旁边，以便妈妈夜间对宝宝护理和哺乳。

是时候训练宝宝坐便盆了

一般宝宝在会坐、会立之后就可以有意对其进行训练了。因为开始的时候，小便坐便盆训练比较困难，所以我们可以从训练大便坐便盆入手。

首先要为宝宝选择舒适、安全的便盆。注意应选用结实、稳当、坐面光滑的便盆，避免宝宝在坐便时摔倒或划破皮肤。妈妈在宝宝有便意时，可让宝宝直接坐到便盆上，妈妈在一旁扶着宝宝，如果宝宝平时在把便时习惯听妈妈“嗯嗯”的声音，那么在训练坐便盆时也可以同时发出“嗯嗯”的声音，以便刺激他的条件反射。开始时如果宝宝不同意坐便盆，不要勉强，以免引起宝宝对便盆的反感。

宝宝的常见不适与疾病的预防

宝宝的健康成长是妈妈最大的心愿。宝宝的身体变得非常结实，对疾病的抵抗力也明显地提高了，但是还会偶尔出现一些疾病。

宝宝感冒的预防和照护

宝宝感冒发病率较高，以发热、怕寒、流涕、咳嗽、打喷嚏等为其主要表现。感冒的预防与护理比治疗更为重要。首先要加强宝宝自身的保健工作，保持生活起居有规律，科学饮食，随气候变化调整穿衣的多少；宝宝的足、膝、背要注意保暖，避免着凉，坚持体育锻炼。其次，注意室内空气新鲜，早晨开窗换气。在睡眠时，避免对流风直吹。在感冒流行期间，避免外出或到公共场所。

宝宝患感冒后，要加强护理。

1 宜多饮白开水，也可适当多喝一些糖水，以补充因发烧而消耗的水分，而且可以利尿散热。忌食生冷油腻及刺激性食品。

2 宝宝会因感冒而引起全身不适，父母可以对宝宝的头面部、脖颈部、肩部、背部、臀部、腿部及脚进行按摩。但不宜施以大人的按摩手法，轻轻揉捏四肢仍可使宝宝感到放松而加速痊愈。

3 室内通风换气十分必要，不要因为怕寒冷而紧闭门窗；用食醋熏蒸室内，每天一次，连续热熏三天。

鼻出血

鼻出血是一种常见的症状，但它的致病原因却很复杂，外伤引起的流鼻血严格来讲还不叫鼻出血。身体内在的虚火上浮引起的流鼻血才叫鼻出血。

从中医学的角度讲，鼻出血的病位在肺、胃、肾脏。如果病在肺，多由伤风感冒、高烧积热而出鼻血；如果病在胃，多由胃火上延而流鼻血；如果病在肾，则是肾阴亏虚，虚火上浮，压迫鼻腔血管外溢而流鼻血。

对鼻出血的宝宝可以从如下方面加强护理。

1 宝宝流鼻血时，要让宝宝坐好，不能仰卧位，也不能头向后仰，以免血液流进消化道或呛入呼吸道。应尽可能安静休息，更不能让宝宝再做运动，以免加剧出血。

2 稍大点的宝宝流鼻血时，用手指在鼻翼两侧稍加压力 3～5 分钟，每 10 分钟 1 次。

3 用冷毛巾贴前额、鼻部或后颈两侧，或用干净冷水洗鼻孔，可加强止鼻血之功效。

宝宝的智能开发

这个月里，父母要给宝宝提供安全、自由富有新鲜感的环境。让宝宝自由活动，主动探索；鼓励宝宝玩积木或操作性的玩具，发展其手的灵活性；每天阅读书籍，玩藏猫猫的游戏；多和人交往，主动把宝宝介绍给其他宝宝和爸爸妈妈。

精细动作能力训练

虫虫飞

方法

1. 宝宝坐在妈妈怀中，妈妈的双手拿着宝宝的小手。

2. 妈妈一边念儿歌“虫虫飞，虫虫飞，嘟……嘟……”，一边拿住宝宝的食指做相应的动作。念“虫虫飞，虫虫飞”时，妈妈将宝宝的两根食指尖相碰四次。

3. 念“嘟……嘟……”时，两手从中间向两侧做飞的姿势。

目的 这是宝宝最早的双手游戏。对宝宝来说，两手指尖相碰是难度很大的，也是一种精细动作。妈妈要耐心地帮助宝宝学做这个游戏。

注意 10个月左右的宝宝做三四遍后，就会有意识将两手相碰，表示要做游戏。

认知能力训练

玩具鸟

方法

1. 宝宝与大人面对面坐在干净的地板上，给宝宝一个玩具鸟，让宝宝玩一会儿。

2. 等玩具取回，告诉宝宝：“小鸟要飞了！”同时，手持玩具鸟在宝宝视线范围内作飞行，吸引宝宝的视线追视。慢慢将小鸟移离宝宝的视线，放在宝宝的身后，“小鸟不见了”，鼓励宝宝转动头部或身体去寻找；如果宝宝不寻找，向宝宝指出玩具鸟的所在。每日3次，每次重复5回。

目的 通过视觉记忆、视觉搜索，发展对物体恒存的认识。

注意 此活动可根据不同的玩具改为：飞机飞了，汽车开了，火车走了，小狗跑了等。

语言能力训练

跟布娃娃说话

方法

1. 爸爸妈妈将纱巾挂在床中间做“帷帐”，构造成个小戏台。

2. 爸爸和宝宝在前面观看，妈妈手拿着一个布娃娃从帷帐后面伸出来，说“我是小小布娃娃，我快 1 岁了”等，并摇着布娃娃跳来跳去。

3. 爸爸指导宝宝与妈妈的布娃娃对话，如“我的名字是天天，我 10 个月大了，布娃娃你叫什么名字呀”等。

4. 爸爸妈妈要及时鼓励宝宝，让他随意和布娃娃对话，并根据宝宝的反应灵活变动游戏内容，让宝宝在快乐中体会到语言的乐趣。

目的 经常给宝宝提供表演的机会，让宝宝在快乐的氛围中学习语言，能促进宝宝语言能力的发展。

注意 在练习“跟布娃娃说话”的游戏时，宝宝可能只是咿咿呀呀地答应，妈妈一定要应和宝宝，不能急于求成。妈妈说台词时，一定要慢，这样有助于和宝宝互动。

音乐能力训练

我是小小音乐家

方法

1. 妈妈为宝宝准备一架玩具小钢琴或电子琴。

2. 将钢琴放在桌子上，妈妈握住宝宝的手，在琴键上随意敲打或拍打。

3. 妈妈也可以握住宝宝的手，用宝宝的食指敲击琴键，弹出一定的旋律。

目的 通过敲击钢琴或电子琴让宝宝感受不同的声音，刺激宝宝的听觉和音乐美感。

注意 敲打是宝宝的天性，这个时期的宝宝对自己弄出来的声音非常感兴趣，并且对不同的声音有了一定的敏感性。妈妈要放手让宝宝敲敲打打。

迈出独立的第一步

此期宝宝活动量更大，开始站立与扶走，因此体重增长速度很缓慢，处于徘徊阶段，一般每月增重 300～400 克。此时宝宝精神发育更加成熟，活泼好动，预示着婴儿期快要结束，已开始向幼儿期过渡了。

宝宝的生理特征与生长发育

11 个月的宝宝体重增长缓慢，但身体却长高了，似乎变得苗条起来。随着下肢功能的日渐完善，宝宝可以扶着物体四处移动，只是上下半身的整体平衡还不能达到，无法放开双手移动。

动作发育

宝宝相当淘气，喜欢把玩具到处乱扔，对瓶子、盒子、盖子十分感兴趣，喜欢拿着笔到处乱画。自己可以捏住纽扣等一些小物品，双手摆动玩具显得十分灵活，会模仿父母自己擦鼻涕，用梳子梳头，还可以自己剥开糖纸。

语言发育

11 个月的宝宝通常都是先学会喊爸爸，后学会喊妈妈，这也许让历尽千辛万苦照顾宝宝的妈妈们有些失望，但这也是语言发展的自然规律。宝宝在周岁前发育速度相当惊人，已经会说并且能够明白一些词语的含义，还喜欢重复说。如果看见各种画像，宝宝会用手指着自己懂得的事物，若看见自己想要的东西，会发出声音并用手指示。

心理发育

宝宝的个性在 11 个月的时候已经体现出一些特征了，有的宝宝活泼乱跳，有的则沉默安静，有的灵活多变，有的显得非常呆板。有的宝宝看见别人拥有玩具就争着想要；有的宝宝则显得特别慷慨大方，喜欢把自己的东西与别人共同分享；还有的宝宝成天不声不响，一碰就大哭不止，这些都是宝宝在这个阶段显著的个性倾向，但并不是固定不变的。

宝宝的营养

11个月的宝宝仍应每天早晚喂奶，三餐喂饭。宝宝出生之后是以乳类为主食，经过一年的时间要逐渐过渡到以谷类为主食。快1岁的宝宝可以吃软饭、面条、小包子、小饺子了。每天三餐应变换花样，增强宝宝食欲。

宝宝第11个月辅食添加的要点

1 适合吃香蕉硬度的食物。这个时期宝宝虽然长出不少牙齿，但咀嚼吞食还是有点困难。这一时期的辅食硬度是用牙床咀嚼的硬度，或能用手指压碎的香蕉硬度的食物。

2 尝试接近稀饭黏稠度的粥。这个时候可以给宝宝喂食黏稠度达到倾斜勺子也不会滴落的粥，就是用大米和水以1：3的比例做成的粥。

3 大人吃的饭菜不适合喂宝宝。这个时候宝宝的咀嚼功能已经比较发达了，可以吃一般的饭菜，但不能直接喂大人吃的咸、辣的菜。妈妈在做菜时，可以在加调料前先盛一部分出来，单独给宝宝食用。

宝宝要避免接触的食物

爸爸妈妈在为宝宝准备辅食时，一般应回避以下几种食物。

蔬菜类	牛蒡、藕等不易消化的蔬菜
辛辣调味料	芥末、胡椒粉、姜、大蒜和咖喱粉等辛辣调味料
某些鱼类和贝类	墨鱼、章鱼、鲍鱼，以及用调料煮的鱼、贝类小菜、干鱿鱼等
其他	巧克力糖、奶油软点心、软黏糖类以及其他人工着色的食物、粉末状果汁等

多食对宝宝牙齿有益的食物

牙齿的坚固性是和整个身体的发育密切相关的。健康的牙齿除了需要足够的营养外，还与内分泌有一定的关系。由于在胚胎期牙胚已经形成，因此妊娠期的妈妈更应该注意营养，特别是保证足够的矿物质，并避免宝宝牙齿发育先天不足。

牙齿的主要成分是钙和磷，其中钙的最佳来源是乳类。此外，粗粮、海带、黑木耳等食物中也含有较多的磷、铁、锌、氟，能帮助牙齿钙化。

宝宝的日常照料

这个时期的宝宝开始学站及学走，一定要选择合适的袜子与鞋子。此时的孩子，骨骼发育尚不成熟，脚型有胖有瘦，足背有高有低，鞋子应根据脚型来选择，尤其要注意预防意外伤害。

这个月龄段的宝宝容易发生的意外伤害

宝宝逐渐长大了，活动范围更进一步扩大，如果家长一不留心，就会发生意想不到的事故。为了避免发生不应有的惨剧，家长需要了解这个月龄段的宝宝最容易发生哪些事故，借此可以有意识地加以注意，避免类似事故的发生。

11个月的宝宝已经会爬、会立，有的已经开始迈步走路了，而且这个月龄段的宝宝有极强的探索欲，所以这时宝宝较容易发生的事故是摔伤和吞食异物。

11个月的宝宝喜欢到处爬，很多家长习惯让孩子在床上爬，认为床上干净、柔软，但是有一个潜在的危险就是宝宝容易从床上摔落下去。

11个月以后的宝宝会推着椅子或扶着墙走，但站立不稳，很容易跌倒、撞伤，而且宝宝已经能够到达屋子里任何地方，所以一切对宝宝存在危险的物品，如刀子、电热器、热水器、炉子、电源插座等，都要注意放好。

因此，爸爸妈妈一定要注意宝宝生长发育期的各个特点，并根据其可能发生的情况进行必要的防护，采取一定的措施，保护宝宝的安全。

宝宝学走路，选对鞋子很重要

目前市场上卖的鞋子种类很多，究竟什么样的鞋子适合学走路的宝宝呢？

我们先来研究一下宝宝走路时脚的动作。宝宝在学走路时极力保持平衡，这就需要脚趾向下用力抓住地面，所以鞋底过硬或鞋面过硬都不利于脚趾的活动。

另外，鞋子的大小必须非常合适。鞋子太大容易脱落，而且走路时不随意；太小顶住脚趾引起疼痛，使宝宝不愿走路，而且时间久了还会影响脚的发育。有的家长追求时髦，给宝宝穿皮鞋或皮靴，这并不适合宝宝穿。选的鞋子不好，相当于给宝宝前进的道路上又增加了障碍，有的会影响走路姿势。一般选择质地柔软、轻便、透气、大小合适的鞋子为好。

合适的鞋有利于宝宝走路.

总之，要从宝宝的角度出发，为他精心选择一双好鞋子。

宝宝的常见不适与疾病的预防

宝宝病了，你一定会很紧张，希望他快点好。但别忘了仔细地想一想：可能的原因是什么？在生活中更加细致地了解宝宝的身体，更有利于帮助宝宝改善患病时的不适，做到防患于未然。

宝宝食欲不高怎么办

容易造成宝宝食欲缺乏的原因

疾病或微量元素缺乏	当宝宝有发烧、腹泻等疾病时，容易出现食欲缺乏，但这种情况会随着疾病的痊愈而消失的。另外，当宝宝缺乏锌、铁等微量元素时，也常常表现为食欲缺乏，这就需要给宝宝补充微量元素了
咀嚼能力不足	当宝宝吃惯了泥糊状的食物，在碰到稍硬的食物时，不是吐出来就是含在嘴里不咽。有的妈妈会给宝宝喂汤水，让宝宝咽下食物，久而久之，会降低宝宝的食欲
不良的饮食习惯	宝宝吃饭的时间不规律，爱吃零食、点心，餐前饮用过多的牛奶等，都会让宝宝吃饭的时候缺乏食欲
宝宝身体、情绪不佳	宝宝的活动比较少，过于疲惫或兴奋，吃饭时想睡觉或无心吃饭等都会降低食欲
喂养方法不当	吃饭时，爸爸妈妈强迫或者诱骗宝宝进食，或者吃饭的环境不好，这也可能导致宝宝食欲缺乏

要想提高宝宝的食欲，父母可以尝试以下方法。

1 吃饭最好能定时。培养宝宝在固定的位置上吃饭，进餐的时间也不要拖得太久，最好能控制在15～30分钟。

2 吃饭时保持环境安静。可以将分散注意力的玩具收起来，电视也要关闭，让宝宝专心地吃饭。

3 吃饭时氛围要愉快。在宝宝吃饭时，不管吃了什么，吃了多少，爸爸妈妈都要保持微笑，最好不要把喜怒哀乐表现在脸上，更不要在饭桌上训斥宝宝。

4 变换做法或掺入其他食物中。在宝宝对某种食物特别排斥时，妈妈可以用其熬粥或者将其掺入其他食物中，或暂停几天再给宝宝喂食，不要强迫宝宝进食或放弃给宝宝喂食。

宝宝夏季生痱子的预防

夏天，有的宝宝很爱出痱子，因此，首先应设法降低室内的温度。除此之外，还可以用下面的方法预防：

1 每天多洗几次澡，洗澡水中加点花露水或宝宝金水。

2 洗澡后用手给宝宝全身薄薄地抹点爽身粉或松花粉。

3 把小床放在通风的地方或在床上垫上席子。

4 穿吸水性好的棉布衣服——这比光着身子效果好。

宝宝患疳积后的饮食调养

宝宝疳积即为宝宝营养不良，本病常因饮食不节、喂养不当或久病体弱、营养失调等引起。中医称之为“疳”或“疳积”。

临床主要表现为形体干枯羸瘦、气血不荣、头发稀疏、神疲乏力、腹部胀大、青筋暴露或腹凹如舟、饮食异常，最后导致发育停滞及全身各系统的功能紊乱，机体抗病能力降低，并产生许多疾病。

由于此病的成因是饮食不节，所以，合理和科学的饮食调养对宝宝营养不良具有十分重要的意义。

首先，要改进喂法，哺乳期应尽量采用母乳喂养，若母乳不足或无母乳者，应采取科学的人工喂养。人工喂养配方奶粉最佳，亦可用代乳粉等，但不应单独用淀粉类喂养，因其缺乏蛋白质和脂肪等营养物质，同时应注意按时添加辅食。

其次，应补充营养，给予富含维生素、蛋白质的食物，如动物，肝、奶类、蛋、瘦肉及各种新鲜果蔬等。饮食应定时定量。

宝宝应多吃富含维生素的新鲜果蔬，避免患疳积。

宝宝的智能开发

对于宝宝来说，生活即游戏。他在游戏中成长，在游戏中增长智能水平。11个月时，宝宝的活动范围随着神经系统的发育突飞猛进地扩大，游戏种类也越来越多。与前几个月相比，父母会发现宝宝的主动性大大提高；与宝宝在一起时，互动的时间越来越长。

社交能力训练

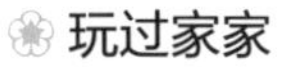

玩过家家

方法

1. 准备一套餐具、一个玩具娃娃及其配套的鞋子、袜子等。

2. 爸爸妈妈一边说话一边玩过家家的游戏，让宝宝在旁边看着。如给娃娃穿衣服、系扣子、穿鞋子、扎头发等，也可喂饭。

3. 喂好饭，妈妈对宝宝说："宝宝，爸爸妈妈给娃娃喂饭了"，"现在娃娃要出去玩，给娃娃换衣服了，然后我们带娃娃出去玩。"等宝宝给娃娃换好衣服后再给宝宝换衣服等。

目的 用趣味性、形象性等游戏吸引宝宝，延长宝宝的注意时间。培养兴趣和对事物的观察能力。还能发展动手能力，提高手指的灵活性。

注意 过家家的游戏有很多不同的内容和动作，每次最好做一部分，具体内容的多少根据宝宝的接受情况来定。

宝宝快看这个字母，能认出来这是用吃饭的刀叉拼出来的吗？

手指协调能力训练

打电话找奶奶

方法

1. 准备一个玩具电话，或直接用家里的电话机、手机。

2. 妈妈拿着电话在宝宝面前演示："喂，奶奶，您好，宝宝想你了。"然后将电话放在宝宝的耳朵边，教宝宝跟奶奶说话，妈妈说一句，让宝宝模仿一句。

目的 锻炼宝宝的手指协调能力、听觉能力和语言能力，并帮助宝宝将家人和称呼联系在一起。

注意 妈妈应尽可能用简单的语句，还可以在爷爷奶奶等人打来电话时，让宝宝尝试交流，并教宝宝"问候"爷爷奶奶等亲人。

有了初步的自我意识，独立意识增强

在度过自己周岁生日之后，已经开始有记忆能力。婴儿期就要结束，特别活泼，能够扶着栏杆等东西站起来扶着走。发育快的婴儿到此时已能单独站稳了。因此，随着孩子越来越淘气，大人要一天到晚看着他，以防意外。

宝宝的生理特征与生长发育

宝宝总是处于生长发育的动态变化之中。生长是指量的增加，如宝宝的身长、体重的增加，心脏、肝脏等器官的增大；而发育是指质的变化，如宝宝的语言表达能力越来越强，说话也越来越流畅，脑子越来越聪明，人越来越懂事，越来越成熟。

动作发育

周岁的宝宝有的已经可以独立行走了，智力型的动作已经非常发达。如果看到电视中出现小狗，会对着它“汪汪”直叫。遇到不顺心时，会变得暴躁不安。

周岁的宝宝开始厌烦母亲喂饭了，虽然自己能拿着食物吃得很好，但还用不好勺子。他对别人的帮助很不满意，有时还大哭大闹以示反抗。他要试着自己穿衣服，拿起袜子知道往脚上穿，拿起手表往自己手上戴，给他个香蕉，他也要拿着自己剥皮。这些都说明宝宝的独立意识在增强。

语言发育

到宝宝满 1 周岁时，他已经可以比较清楚地说出 2～3 个单音词了，并喜欢不停地重复，就像在咿呀地学说短句，能够有意识地说爸爸、妈妈、奶奶、娃娃等，还会使用一些单音节动词如拿、给、掉、抱等。此时他的发音还不太准确，常常说出一些莫名其妙的词语，或用一些手势动作来表示。

心理发育

1 岁的宝宝已经有了初步的自我意识，不愿妈妈抱其他宝宝。能够理解简单词语的意思。这时的宝宝常常会自言自语地说些别人听不懂的话，对爸爸妈妈表现出依恋的情绪。能够区分自己的动作和动作对象了，可以从中认识到自己与事物的联系，这是宝宝自我意识的最初表现。这时的宝宝有了明显的记忆力。

宝宝的营养

该是彻底断奶、变辅助食物为主食的时候了。断母乳最好选择自然断奶法，逐步减少喂母乳的时间和量，代之以配方奶和辅食，直到完全停止母乳喂养。

断奶进行时

如果这个月不及时给宝宝断母乳，容易影响宝宝的食欲。这个月可以让宝宝和大人一样在早、中、晚按时进食，并养成在固定的时间内进食饼干、水果等的习惯。在宝宝吃完辅食之后喂些配方奶，一次应喂 200 毫升左右，每天的总奶量应为 500～600 毫升。

宝宝营养的重心从奶转换为普通食物，应让宝宝品尝到各种食物的滋味，做到营养均衡，使宝宝的饮食含有足够的蛋白质、维生素 C 和钙等营养。

断奶最好选择气候适宜的春秋季节，另外，在宝宝生病时也不要立即断母乳。

看看宝宝辅食的保存期限

未处理的材料：最佳保存时间：萝卜和胡萝卜 1～2 周，茄子和油菜 3 天，黄瓜 3～5 天，卷心菜 7～10 天，番茄 4 天，南瓜 5 天，黄豆芽 3 天，西蓝花 4～5 天。

做好的辅食：最佳保存时间：冷冻保存 5 天。

水果：最佳保存时间：冷藏 3～5 天。

用保鲜袋装的肉类：最佳保存时间：冷藏牛肉 1～2 天；在冷冻室能保存 10 天。

处理后的海鲜保存：最佳保存时间：在冷冻室可保存 6～8 周，海鲜保存 4 周。

肉汤：最佳保存时间：冷藏 1～2 天，在冷冻室可保存 7～10 天。

贝壳类：最佳保存时间：冷藏 3～4 天，冷冻保存 1 个月。

给宝宝多吃健脑食品

豆类	豆类是大脑发育不可缺少的植物蛋白质，黄豆、花生米、豌豆等营养都很高
糙米杂粮	糙米的营养成分比精白米多，黑面粉比白面粉的营养价值高。要给宝宝多吃杂粮，包括糯米、玉米、小米、红小豆、绿豆等，这些杂粮的营养成分适合身体发育的需要，搭配食用能使宝宝得到全面的营养，有利于大脑的发育
动物内脏	动物肝、肾、脑、肠等，补血又健脑，是宝宝很好的营养品
鱼虾类及其他	鱼虾、蛋黄等食品中含有一种胆碱物质，进入人体后，能被大脑从血液中直接吸收，在脑中转化乙酰胆碱，可提高脑细胞的功能。尤其是蛋黄，含卵磷脂较多，被分解后能放出较多的胆碱，所以宝宝最好每日吃点蛋黄和鱼肉等食品

宝宝的日常照料

断母乳后，宝宝可能发生大便干燥，可在饮食上增加素菜量，香蕉、蜂蜜也有润肠作用。继续加强语言训练，为宝宝创造说话的机会。引导宝宝和个性向着良好健康的方向发展，对于宝宝不好的行为家长要明确表示禁止。对于宝宝好的行为，家长要加以鼓励。

为您的宝宝过生日了吗

宝宝 1 岁了，最高兴的莫过于妈妈，感触最多的也应该是妈妈。到了宝宝生日这一天，宝宝理所当然成为了全家人的中心，谈论的话题少不了宝宝的成长过程。从幼小的生命降临到生日宴会，经过了多么巨大的变化呀。如今的宝宝，会咿呀作答、会站立甚至行走；有自己的喜怒哀乐、有自己的主观意识；会欣赏、会游戏。宝宝的每一个进步，都会给妈妈带来无比快乐，更会成为妈妈培养教育孩子的动力。

高热量食物对宝宝牙齿不好，尽量少吃。

现在，宝宝 1 岁了，妈妈下一步应该做些什么呢？ 细心的妈妈应该为宝宝的进一步成长做准备，从宝宝的衣、食、住、行方面进行细致的护理，对宝宝的智能发育和心理发育做更有益的引导。

俗话说，父母是孩子的第一任老师。父母的引导和教育对孩子的身心发育影响极其重要。父母爱护自己的孩子，也最了解自己的孩子，望子成龙、望女成凤是每个家长的希望，为了孩子的健康成长，努力为宝宝设计一个快乐的生日吧！

别让宝宝隔着窗子晒太阳

隔着窗子晒太阳对防治佝偻病没有丝毫的作用。在人的皮肤内有 7- 脱氢胆固醇，经过阳光中紫外线的照射，可以转变成胆固化醇，胆固化醇没有生物活性，需再经肝脏和肾脏的作用进一步转化成胆固化醇，胆固化醇具有防治佝偻病的作用。因此，晒太阳时不能隔窗，而且，即便是在室外，也应尽量多地暴露宝宝的皮肤，使阳光充分照射。当然，也要避免在阳光过于强烈时直接照射宝宝的皮肤，可选择树阴下有缝隙处进行照射。

宝宝的常见不适与疾病的预防

接近1岁的宝宝，外出机会增多，乘车时有的宝宝也会晕车。有的宝宝这时由于忌口等原因，会出现体重没有上升反而下降，父母应对宝宝成长对观察，早期发现宝宝的不适与疾病的存在。

宝宝为何越养越瘦

宝宝越养越瘦，总是有原因的。

1 消化吸收不良。宝宝消化功能紊乱、肠道有急慢性疾病、饮食不适于消化吸收、添加辅食变动过快、超越消化道的承受能力等，都可影响肠道消化吸收功能。吸收不好，自然营养不良，形体就消瘦了。

2 爸爸妈妈疏于照料。宝宝患病后尚未真正痊愈，爸爸妈妈若疏于照料，则经久不愈，宝宝消耗过大，也会变瘦。

3 膳食不平衡。断母乳后，在人工喂养中往往可能出现营养缺乏、失衡、食品污染、消化不良等。膳食不平衡观念，造成营养平衡失调，是宝宝消瘦的另一个重要原因。

4 忌口。特别是在患病后忌口，会使宝宝得不到本应补充的营养素，产生各种伴之而来的并发症，这无疑是“雪上加霜”，甚至会遗恨终生。治疗宝宝越养越瘦，应全面考虑，从实际出发，进行有效指导。饮食指导是最基本的关键性治疗。

5 辅食添加。依照宝宝当时的消化吸收能力，从少量起逐渐增加，切忌操之过急，骤然增加，加重宝宝的肠道负荷，引起消化不良。若大便正常，且仍有饥饿表现，可稳定1～3天后，再少量递增。

6 病因治疗，非常重要。治疗好消化系统（或全身其他系统）疾患，调理好消化功能，能提高宝宝对各种食物的消化、吸收能力。“平衡膳食”观念在瘦弱儿治疗中也应灵活运用，以优质、易消化吸收为原则。依照宝宝目前体质、食欲、家庭经济、市场供应情况进行选择，不要片面强调某种食物，造成宝宝“偏食”。

1 岁左右的宝宝会晕车吗

晕车又称晕动症，在宝宝时期并非少见，这是由于在 4 岁前的宝宝前庭功能尚未发育完善，要到 16 岁时才发育成熟，当宝宝睡眠不足、感冒、过饱或父母曾有晕车史时易诱发晕车。

晕车与具有平衡功能的前庭器官兴奋性密切相关。当车子颠簸得厉害时，会使宝宝前庭器官兴奋性增高，引起晕车。晕车的宝宝如果较小，不会诉说，仅会哭吵、烦躁不安、多汗、面色苍白、手舞足蹈；较大的宝宝会诉说头晕、腹部不适伴有恶心、呕吐、面色苍白、双眼紧闭、烦躁不安，以上症状在服药或下车后会好转。

❀ 防止宝宝晕车的方法

1 乘车前不要吃得过饱，但也不要饥饿，最好吃得清淡些；在上车前用姜片贴在肚脐上，用胶布固定，或将新鲜姜片拿着，随时给宝宝闻。乘车前也可闻新鲜橘皮。

2 妈妈对易晕车的宝宝乘车时应选择靠前颠簸较少的位置，并打开车窗，让空气流通。

3 应用按压合谷穴（大拇指和食指中间的虎口处）或内关穴（在腕关节掌侧，腕横纹正中上 2 时，两筋之间）也有减轻宝宝晕车症状的作用。

4 对 1 岁以上的宝宝，以往曾有晕车症状的，在出发前半至1小时可服用茶苯海明 1/3 ~ 1/2 片，如症状已出现再服药，就难以达到防晕的效果。

5 爸爸妈妈对易晕车的宝宝，平时可加强前庭功能的锻炼，可抱着小宝宝原地慢慢地旋转。稍大的宝宝，可带他们荡秋千、跳绳、踢毽子、做广播体操，教宝宝在较低的平衡木上来回走。经过锻炼的宝宝对晕车就会有“抵抗力”。

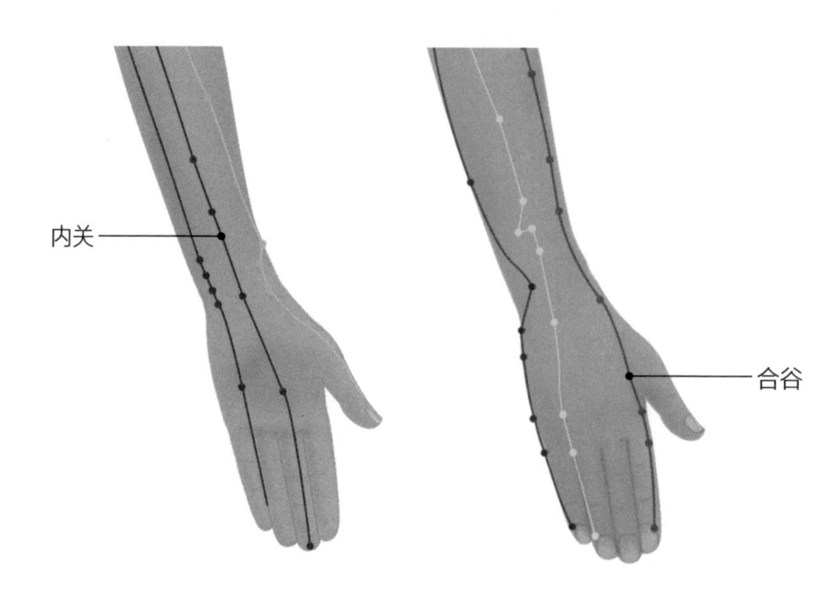

宝宝的智能开发

在安全的情况下，应尽量满足宝宝的好奇心，要鼓励宝宝的探索精神不断发展，千万不要随意恐吓宝宝，以免伤害宝宝正在萌芽的自尊心和自信心。

精细动作能力训练

翻书

方法

1. 拿一本专供宝宝阅读的大开本彩色图书，让宝宝坐在床上双腿伸直。

2. 将书摊开在宝宝的双腿上，一页一页帮宝宝翻，一边指着书中的图片，一边告诉宝宝这个是什么，在做什么等。

3. 宝宝的小手会迫不及待地去自己动手翻书，这时，妈妈要教宝宝用拇指和食指捏着书页，将书页轻轻提起来再翻过去，而且要教宝宝顺着翻。

目的 提高宝宝对书本的兴趣，并增强食指、拇指的活动能力。

注意 1岁的宝宝，手部的动作已发展得相当熟练了。经过这种训练，能锻炼宝宝手的灵活性，提高手的机能。

认知能力训练

看图找找

方法

1. 准备一本画册，上面有宝宝画像、水果、动物等。

2. 让宝宝坐在自己的小床或小椅子上，妈妈帮助宝宝翻画册“欣赏”，当翻到水果的时候，妈妈说出一个宝宝熟悉的水果名称，让宝宝从画册中找出来。

3. 如“哪个是苹果”，等宝宝指出来后，向宝宝描述苹果的形状、颜色，如“对呀，这就是苹果，红红的、圆圆的、又香又甜”。

目的 训练宝宝对语言的理解领悟能力，为宝宝以后的发音打下良好的基础。

注意 除了这种实物，还可以买带有亲戚关系的挂图，指着爸爸、妈妈、爷爷、奶奶教宝宝跟着念，当爸爸过来时，指着爸爸说：“这是爸爸。”

测测你的哺商有多少

哺商（FQ）要算是妈妈们最需了解的时髦词了。你的哺商指数究竟有多高呢？做做下面的测试题，记录每题的答案。（答对计 2 分，没有答对计 1 分）

1. 每次在冲泡奶粉时，新妈妈有没有留心过好的配方奶粉应该是什么颜色？

A. 乳白色　　B. 乳黄色

2. 不是所有的水温都适合宝宝饮用，给宝宝喂的奶粉温度最好不要超过多少？

A. 50℃　　B. 37℃

3. 转眼宝宝需要更换奶粉啦，请问更换奶粉的最佳时期是在什么时候？

A. 宝宝出生后 6 个月内

B. 宝宝出生后 6 个月后

4. 新妈妈很有可能会遇到宝宝吐奶的情况，此时因在喂奶后：

A. 轻拍宝宝背部以减少胃部的压力

B. 轻拍宝宝胸口以减少胃部的压力

5. 忽视奶粉日常储藏会导致快速变质，开封后的奶粉应该怎样储藏才最科学？

A. 放进冰箱储藏

B. 储存在阴凉干燥的地方

6. 宝宝是否吃饱，可否通过宝宝的小便量来判断呢？

A. 可以　　B. 不可以

7. 许多原因会导致宝宝身体出现不适，以下导致宝宝上火的可能原因是？

A. 肠胃受凉　　B. 消化不良和积食

8. 新妈妈都希望宝宝聪明，奶粉的营养是影响宝宝智力发育的主要因素吗？

A. 是　　B. 不是

9. 配方奶粉中富含多种营养，有利于宝宝健康发展，但是宝宝不爱喝怎么办？

A. 慢慢培养使宝宝养成习惯

B. 一段时期内不间断只喂奶粉

10. 宝宝喜欢在夜间磨牙，极有可能是缺少以下哪种营养要素？

A. 缺钙　　B. 缺锌

正确答案：1. B　2. B　3. B　4. A　5. B　6. A　7. A　8. B　9. A　10. A

全部完成后，根据不同的分数来判定你的哺商测试等级。

测试成绩结果：

0～5 分	吮指妈妈（FQ：0%～39%）	想要把握好宝宝成长的“黄金期”，你还需要多掌握一些育儿知识，多了解一下奶粉、怎样与宝宝互动、培养宝宝天分的窍门，让他更健康快乐地成长
5～14 分	入门妈妈（FQ：40%～79%）	你是一个还算努力的妈妈，在照顾宝宝和与宝宝相处中，你都知道要做什么，可是对于怎样让宝宝更快乐，还有身体怎样能更健康方面还是需要继续努力哦
14～20 分	妈妈达人（FQ：80%～100%）	恭喜你！你是无所不知的妈妈达人！对于现阶段的哺育知识你了解比较透彻，但是宝宝在逐渐成长，更多需要你的努力哦

帮助宝宝迈出人生第一步：1～2岁宝宝的健康养育

在这个阶段，宝宝显得特别乖巧，模仿能力很强，对别人的一举一动，几乎都能原样模仿，还会随着电视里的歌舞节目翩翩起舞呢！此时，宝宝已经明显表现出不同的气质类型，有的温和安静，有的活泼好动，宝宝的自我意识也进一步增强了。

按捺不住的好奇心

13～15 个月宝宝刚学会走路，总喜欢走来走去，你是不是觉得宝宝脾气大了很多？很多事情是不是让你很头痛。

宝宝的生理特征与生长发育

13～15 个月时的宝宝是“探索家”，他喜欢以新奇的方式探索物体的特征，并且熟练地加以分类。宝宝的精神越来越足，对世界充满了求知欲望，什么都要摸一摸、抓一抓。如果让他去追喜欢的皮球玩具，他会特别开心，笑得合不拢嘴。

动作发育

宝宝到了 1 岁左右，可以自如爬行，可以站立片刻，发育快一些的还可以独立走几步，虽然走得还歪歪斜斜的。手眼活动从不协调到协调，如可以自如地自喂饼干，五指从不分工到有较为灵活的分工，如可以用食指和拇指对捏糖块。精细动作获得发展，如可以独自抱着奶瓶喝奶，打开瓶盖，把圈圈套在棍子上等。

语言发育

宝宝能听懂妈妈的话，可以听懂常用物品的名称，开始学说话，能用简单的语言和表情表达自己的意图，如用“汪汪”代表小狗。他也能说一些简单的句子了。

心理发育

他们害怕陌生人和怪模样的物体，害怕未曾经历过的情况。这时有明显的依恋情结，喜欢“跟”妈妈的“脚”，妈妈去哪里，他就跟着去哪里，喜欢与成年人交往，知道父母是高兴还是生气，会设法引起父母的注意，如主动讨好父母或者故意淘气。

宝宝和小朋友有了以物品为中心的简单交往，但这还不是真正意义上的交往。有了最初的自我意识，可以把自己和物品区分开，可以意识到自己的力量。有了最初的独立性，会拒绝父母的帮助，愿意自己动手，而且可以做些简单的事情。

宝宝的营养

这个时期宝宝大脑的发育将会为其日后的智力活动和行为的发展奠定基础。宝宝营养的关键在于保证质量、平衡膳食、合理营养。由于宝宝还小，培养饮食习惯是一个需要时间和耐心的循序渐进过程。

宝宝上火的饮食调理

宝宝出现大便干燥、小便发黄、口舌生疮、睡觉不香、食欲不佳等症状，那么基本上可以判断是上火了。由于宝宝的脏腑、肌肤都比较娇嫩，一年四季之中温差变化显著的时候都容易上火，妈妈需要适时地为宝宝安排清凉降火的饮食，并辅以滋补，增强宝宝食欲，帮宝宝对抗火气。

摄入充足的膳食纤维和维生素可以促进宝宝肠胃蠕动，减轻口腔炎症，预防和缓解上火症状。

清凉降火的明星食材

适合宝宝春季吃的降火食材	大豆及其制品、鸽子、鹌鹑、鲫鱼、泥鳅、芥菜、菠菜、油菜、胡萝卜、春笋、甘蔗、橄榄
适合宝宝夏季吃的降火食材	小麦、荞麦、薏米、萝卜、莴笋、冬瓜、丝瓜、菠菜、苋菜、芹菜、甜菜、绿豆、绿豆芽、黄花菜、蘑菇、苹果、草莓
适合宝宝秋季吃的降火食材	豆腐、黑豆、梨、银耳、芝麻、百合
适合宝宝冬季吃的降火食材	萝卜、莲子、海带、紫菜、海蜇、菠菜、大白菜、玉米

宝宝忌食用的食物

一般生硬、带壳、粗糙、过于油腻及带刺激性的食物对宝宝都不适宜。有的食物需要加工后才能给宝宝食用。

刺激性食品	如酒、咖啡、辣椒、胡椒等应避免给宝宝食用
鱼类、虾、蟹、排骨肉	都要认真检查是否有刺和骨渣后，方可加工食用
豆类	不能直接食用，如花生米、黄豆等
坚果类	杏仁、核桃仁等这一类的食品应磨碎或制熟后再给宝宝食用
含粗纤维的蔬菜	芥菜、金针菜等，因2岁以下宝宝牙未长齐，咀嚼力差
易产气胀肚的蔬菜	洋葱、生萝卜、豆类等，宜少食用
糖类	宝宝都喜欢吃糖，但一定注意不能过多，否则既影响宝宝的食欲，还容易造成龋齿

宝宝的日常照料

1岁多的宝宝应懂得一些卫生习惯，如饭前便后要洗手，同时这个年龄的宝宝主动性有了提高，什么事都喜欢自己动手，家长应该了解这些特点，但在安全防护等方面则尤其要加强防范。

预防独立行走后宝宝发生意外伤害

在宝宝学会独立行走后，因为其好奇心强，往往会东走走西看看，捅捅这摸摸那，如果大人看护不当，宝宝很容易发生意外伤害。为了预防和避免宝宝遭到意外伤害，家长应该注意以下几个问题：

1 尽量不要让宝宝单独一个人活动。尤其是洗衣服、洗澡、做饭、维修电器时。

2 不要带宝宝到锅炉房、配电室、游泳池等有潜在危险的场所去玩。

3 妥善安置家用电器的电源插座，插座应选择安全插销，闲置不用的插座应用绝缘材料封闭，教育宝宝不要去动插座和开关。

4 妥善保管家庭用药、酒、胶水、清洗剂等，以防止宝宝误食。

5 妥善放置刀、剪、叉、钉子等五金工具和物品。

保障宝宝优质的睡眠

怎样才能让宝宝睡足、睡好呢？

1 培养宝宝按时有规律地睡眠，使宝宝养成一定的睡眠习惯。

2 为宝宝睡眠创造良好的环境。室内安静，光线应暗淡，一般说来室温18℃～25℃，湿度50%～55%为宜。铺盖应柔软舒适，厚薄适宜。

3 睡前不要做引起宝宝兴奋的游戏和让宝宝做过多的活动，以免导致宝宝过度兴奋，难以睡眠。同时睡前不要喂宝宝过多的水，以免引起胃肠不适或者夜间小便次数过多而影响睡眠。

4 遇到宝宝睡眠不稳，易惊、翻来覆去、哭闹等情况时，应积极查找原因。如在睡前的活动是否过于激烈，受到什么惊吓等，在检查宝宝的皮肤外表与贴身的衣服、被褥等亦无异常的情况下，应到医院就诊查找原因。

婴幼儿睡眠时间表

年龄	白天		夜间（小时）	共计（小时）
	次数	每次时间		
2～3个月	4	1.5～2	10～11	17～18
3～6个月	3	2～2.5	10	16～18
6个月～1岁	2～3	2～2.5	10	14～15
1～1.5岁	2	1.5～2	10	12.5～13
1.5～3岁	1	2～2.5	10	12～13
3～7岁	1	2～2.5	10	12～12.5

宝宝的常见不适与疾病的预防

宝宝患胃病的逐年增多，一些宝宝乳牙未长齐却已得了胃病。小胖墩的家庭越来越多，难道宝宝肥胖就是好的吗？其实，宝宝肥胖也是病。

宝宝肠胃病的原因及预防

1 吃冷饮过多过早过晚。早春二月，一些宝宝就手持雪糕冰砖。夏天从早到晚，冷饮不断。甚至在秋冬季节还给宝宝吃冷饮。时日久了，使胃黏膜受损伤导致胃溃疡。

2 零食吃得太多，也是造成宝宝患胃病的重要原因之一。零食中的不少添加剂都能对宝宝胃部感觉神经的消化功能起干扰作用。

3 看电视、玩游戏机时间太长。长时间坐着，胃部血流不畅，影响消化；对爱吃的东西，暴食，对不爱吃的东西，"宁饿不吃"，一饱一饥，都会损伤胃壁。学业负担过重会造成宝宝胃部神经性缺血和消化不良。

如能注意以上几点，加以预防，就可避免宝宝患胃病。

1 鸡内金。鸡肫皮洗净，晒干，用小火炒黄，研成细末装瓶备用。每次1~2克，1日2~3次。用于积滞、厌食。

2 姜橘汤。橘皮5~10克，加水略煮，倒出药液，加红糖、生姜汁各1匙，饮服，用于受寒引起的呕吐。

3 山药粥。山药切碎，与米同煮粥，或用薏仁、扁豆与米同煮亦可。用于慢性腹泻。

4 八珍糕（市售）。当奶糕吃，用于疳症消瘦的宝宝。

山药有收涩的作用，可以有效缓解腹泻。

宝宝肥胖也是病

宝宝肥胖通常都与饮食习惯有关，爱吃甜食和油腻的食物，暴饮暴食，常吃零食，而不爱吃维生素食物。肥胖会影响宝宝身体和智力发育，应该及时控制体重。

❀ 症状表现

肥胖的宝宝常有疲劳感，用力时气短或腿痛。

严重肥胖者由于脂肪的过度堆积限制了胸扩展和膈肌运动，使肺换气量减少，造成缺氧、气急、紫绀、红细胞增多，心脏扩大，或出现充血性心力衰竭甚至死亡。

❀ 饮食护理

根据宝宝的年龄段制定节食食谱，限制能量摄入，同时要保证生长发育需要，食物多样化，维生素、膳食纤维要充足。

多吃粗粮、麸子、蔬菜、豆类等富含膳食纤维的食物，可以帮助宝宝消化，减少废物在宝宝体内的堆积，预防肥胖。

食物宜采用蒸、煮，或凉拌的方式烹调。

可以给宝宝安排量少且不含糖和淀粉的零食，这样的食物可以减轻宝宝的体重，还有助于保持宝宝的血糖，同时还能预防过量生成胰岛素，控制宝宝对碳水化合物的渴求。

❀ 饮食禁忌

在为宝宝制作辅食时，不应该过多地放盐。

应减少容易消化吸收的碳水化合物（如蔗糖）的摄入，少吃糖果、甜糕点、饼干等甜食，还要尽量少食面包和炸土豆，少吃脂肪性食品，特别是肥肉。

情绪、食欲、精力是判断宝宝健康的标准

情绪好：情绪好对宝宝来说，就是身体上没有任何不痛痒的意思。如因中耳炎引起耳朵痛，各种原因引起的肚子痛，或是其他地方有不舒服的地方，情绪肯定会受到影响，宝宝会哇哇大哭的。

食欲好：宝宝虽然身体上有一些小病，但并没有影响吃辅食，或者对母乳也很有兴趣，这说明从口腔到胃肠道没有大问题。能吃，有精神就说明病情并不重，或者说明病情已经好转了。

有精神和精力：宝宝的精力从来都是很充沛的，如果身体上没有任何不适的话，他会对什么都表现出好奇心，大声喊叫，尽管父母制止也不听，还是蹦蹦跳跳，有时还会打架，宝宝生病时，如仍然保持着旺盛的精力和精神，这说明疾病并无大碍，也可能是正在好转。

宝宝的智能开发

15个月时多数宝宝已走得较稳，认知能力的发展有了很大的飞跃。爸爸妈妈要根据宝宝认知能力的发展，进行合理的培养训练。

语言能力训练

跟古诗做朋友

方法

1. 准备几首押韵、读来朗朗上口的古诗。

2. 每天读一首给宝宝听，并让宝宝模仿其中的押韵字。

目的 让宝宝通过古诗那优美的韵律感和语言，练习发音。并扩大宝宝的学习范围。

注意 妈妈应选择一些简单易懂的古诗，有利于宝宝理解。

咏鹅

鹅鹅鹅，曲项向天歌。
白毛浮绿水，红掌拨清波。

悯农

锄禾日当午，汗滴禾下土。
谁知盘中餐，粒粒皆辛苦。

堆积木

方法

1. 准备积木（大小不同的盒子或铁罐3~4个）。

2. 先由妈妈给宝宝示范，堆积出木塔，然后推倒，再让宝宝重新堆积。

3. 如果宝宝难以完成，就可以引导宝宝，说："哎哟，为什么它会倒下去呢？把这个大木块放到小木块下面会怎么样呢？还不行吗？那就把其他木块放在最下面吧！"此时，妈妈应该说明失败的理由，让宝宝独自寻找解决的方法。

目的 培养宝宝的动手能力、解决问题能力和空间概念。

注意 宝宝失败了，也不用急着帮忙，应该让宝宝独自完成。

第16~18个月 爱模仿的小大人

此时的宝宝度过了婴儿期，开始进入了幼儿期。幼儿不管是从体格和神经发育上，还是从心理和智能发育上都出现了新的变化。

宝宝的生理特征与生长发育

这么大的宝宝平衡能力还比较差。在日常生活中，宝宝比较喜欢玩球，他可以把球举过头顶或是抛起来。在听到一些节奏鲜明、短小活泼的歌曲或乐曲时，宝宝会随着音乐合拍地做拍手、招手、摆手、点头等动作。

动作发育

此时宝宝独自走得稳当了，不但在平地走得很好，而且很喜欢爬台阶。下台阶时，知道用一只手扶着下。这样的活动既锻炼了身体，又促进了智力发育，使手脚更协调地活动。这么大的宝宝会用杯子喝水了，但自己还拿不稳，常常把杯子的水洒得到处都是。吃饭时，宝宝常喜欢自己握匙取菜吃。

语言发育

宝宝的词汇增多了，会说“谢谢”、“您好”、“我们”、“再见”等词了。宝宝对语言学习有一种特殊的热情，特别喜欢与成人说话或听别人说话，即使相同的话也喜欢听好几遍，不厌其烦。

心理发育

宝宝在成长的过程中，变化的不仅是外形，他的脾气也会在不知不觉中有所增长。当宝宝不高兴的时候，就会用乱扔东西以及其他方式表达他的不服从和不高兴。

宝宝喜欢模仿大人的语气和动作，喜欢和爸爸妈妈玩辨认人体器官的游戏。

爸爸妈妈的爱和温情在宝宝的眼中开始变得不如以前那么重要了，而且他们的关爱对宝宝来说可能已经转变成种制约、限制，从而引起宝宝的不耐烦。

宝宝的营养

此阶段，宝宝的生长速度会比以前明显减慢。由于宝宝的身体发育速度的减慢，营养需求减少，饮食自然也将有所减少。其实，这些都属于正常现象，爸爸妈妈不必担心。

根据食欲调整宝宝的饮食量

对于宝宝来说，一是看食欲。食欲往往是肚子饿不饿、是否需要补充营养的指示计。如果宝宝吃得很香，下一顿食欲仍很好，不吐不泻，说明需要增加食物量。如果下一顿不想吃，没有食欲，说明上顿可能吃多了，就不要增加食物量。如果宝宝不愿吃，不要强迫其进食。

二是看体重。体重是宝宝近期吃的食物量，即营养状况的指标。体重表示宝宝近期营养状况，体重不增加或减少，表示近期宝宝营养不足。如宝宝生病时，因为吃得少、消耗增加，体重减轻，病后则应给宝宝增加饮食，每天可多吃一顿，直至体重恢复正常。

妈妈课堂

宝宝出生后，随着年龄的增长，体重按一定速度增加，不同年龄时期，增加的速度不一样。体重增加的规律如下：

刚出生的足月新生儿2.5～4千克（平均3千克）

1周岁以内一般按以下方法计算：

1～6个月　[出生时体重（克)+月龄×700] 克

7～12个月　(6000+月龄×250) 克

1周岁以上 1周岁时体重约为出生时的3倍，即9千克左右，2周岁时约为出生时的4倍即12千克，以后每年增加2千克，通常按以下公式计算：

体重（千克)=(年龄×2+8) 千克

白开水是宝宝最好的饮料

不管是何种饮料，让宝宝喝多了都会影响健康。对宝宝来说，最好的饮料还是白开水。从营养学角度来说，任何含糖饮料或功能性饮料都不如白开水，纯净的白开水进入人体后不仅最容易解渴，而且可立即发挥功能，促进新陈代谢，起到调节体温、输送营养、洗涤清洁内部脏器的作用。

白开水是宝宝最好的饮料。

宝宝的日常照料

要结合宝宝的年龄特点，逐渐培养宝宝穿衣戴帽的能力。注意皮肤及口腔的清洁护理，同时还要注意眼部的护理。另外，还要给宝宝保温，防止受凉以及呼吸道感染，定期给宝宝测量体重。

幼儿不宜穿松紧带裤

幼儿正处于快速生长发育的阶段，其腰段还未发育，松紧带裤随着宝宝的跑跳、下蹲等活动容易滑脱下来，不仅影响宝宝的运动，而且还容易使宝宝着凉生病。如果加大松紧带的力量，松紧带就会紧紧勒在宝宝的胸腹部，对宝宝胸廓的运动和发育产生不利的影响。所以幼儿不宜穿松紧带裤。而最好穿背带式裤或背心式连衣裤。

宝宝什么时候才能不尿床

宝宝尿床是一件让家长感到头痛的事，尤其是在阴雨绵绵或寒冷的季节，更是让家长着急。那么宝宝什么时候才能不尿床了呢？

人体的膀胱在充盈到一定程度时就会发出信号，通过脊髓传送到大脑，大脑分析后再发出指令，膀胱收到指令即收缩排尿，这就是人体的排尿反射。随着宝宝年龄的增长，其排尿反射不断建立和完善，2 岁左右的宝宝经过一定的训练，即可自主地控制排尿了。

但是，如果家长没有对宝宝进行过定时、定位的早期排尿训练，宝宝未形成一定的排尿规律和习惯，加上家长管理不善，宝宝白天贪玩过于疲劳、突然受凉、受到惊吓、睡前饮水太多、睡前没有排尿等原因，此时宝宝还时常尿床就不足为奇了，这种尿床在医学上称为功能性遗尿。如果 5 岁后的宝宝仍不能自己控制，反复发生不自主地排尿，则称为遗尿症。此时就需要到医院进行检查和治疗了。

由这里可看出，宝宝什么时候才能自主地控制排尿，不再尿床，既与宝宝的自身生理发育有关，家长对宝宝的排尿训练和日常生活的管理也是非常重要的。对于这个时期还时常尿床的宝宝，并且家长要认真分析一下原因，对症下药，纠正以上所谈到的不正确的做法。同时应采取定时叫醒宝宝排尿的训练，尤其是在夜间排尿时，一定要让宝宝在清醒后坐盆排尿，避免在宝宝朦胧状态下让其排尿。通过这样的反复训练，可使宝宝形成条件反射，形成一定的排尿习惯和规律，避免尿床。

宝宝的常见不适与疾病的预防

宝宝一天一个样，随之而来的危险系数也在上升，安全工作做得再好，也难免会有疏漏，常言说："不怕一万，就怕万一"。爸爸妈妈最好提早学点急救知识，以备不时之需。

宝宝碰伤擦伤的应急处理

宝宝因各种原因出现碰伤和擦伤后，可根据出血部位、出血量的不同，分别加以处理。

出血部位	出血表现	处理办法
浅表的创伤	出血很慢，出血量不多	用干净的毛巾或消毒纱布盖在创口上，再用绷带或布带扎紧，并将出血部位抬高，可以达到止血的目的
深部受损伤	血出得很快，出血量又很多	马上施行压指法，即迅速用手指将受伤的血管向邻近的骨头上压迫，压迫点一般在靠近心脏的一端
四肢部位	大出血	用橡皮管、橡皮带充当止血带，或用布条环扎肢体，拉紧后止血。但应当心损伤皮肤，且每隔 30 分钟左右放松一次止血带，以免影响血液循环

宝宝扭伤的应急处理

宝宝扭伤多发生在手腕、踝关节等部位。常有扭伤部位的肿胀与疼痛，皮肤青紫，局部压痛很明显，受伤的关节不能转动。

发生扭伤后应限制宝宝活动受伤的关节，特别是踝关节扭伤后，应将小腿垫高。早期处理宜冷敷，以后用热敷。一般在1~2天后爸爸妈妈可在患处进行按摩，促使血液循环加速，肿胀消退，有条件的还可进行理疗。

此外，发生扭伤后要注意关节韧带有无裂伤、骨折和关节脱位，宝宝容易发生桡骨头半脱位，当宝宝疼痛难忍，侧手臂不能动弹时应去医院诊治。

宝宝患了糖尿病怎么办

宝宝糖尿病的症状不明显，就是有多尿或夜间遗尿也常被误认为是宝宝的"正常"现象，因此早期不易发现。有的宝宝直到发生了脱水、酸中毒甚至昏迷才被确诊。严重影响宝宝的生长发育，甚至危及宝宝的生命。

家里如果有糖尿病的宝宝，家长需要长期细致地护理好宝宝，可以从书本学习有关宝宝糖尿病的知识；听从医生指导，坚持正确使用胰岛素以及其他降糖药，不要听信偏方，而随便停用医嘱的药物；全家人一起帮助宝宝进行饮食控制，因为这是一件很难做的事情；发现宝宝有低血糖、酮症酸中毒等表现时，一定要及时送宝宝到医院救治，以免发生意外。

通过药物治疗和饮食控制应达到以下目的：①症状消失，血糖水平较稳定，餐后血糖低于6.7毫摩尔/升。②24小时尿糖定量低于15克。③不发生酮症酸中毒和严重低血糖。④生长发育较正常。⑤无高脂血症。

宝宝糖尿病与成人糖尿病的发病原因不同，宝宝糖尿病多属于Ⅰ型糖尿病，是由于胰岛β细胞遭到破坏、胰岛素分泌绝对不足所造成，必须使用胰岛素治疗。而成人糖尿病多属于Ⅱ型糖尿病，是胰岛β细胞分泌胰岛素不足和（或）靶细胞对胰岛素不敏感所致。所以宝宝糖尿病有许多方面与成人不同，归纳起来有以下几点：

什么是胰岛素和酮症酸中毒

胰岛素是治疗儿童糖尿病的不可替代的药物，需长期用药，所以宝宝和家长应学会使用。治疗中一旦发生低血糖，应及时口服或静注葡萄糖，可很快缓解症状。

酮症酸中毒是儿童糖尿病重症死亡的主要原因，要针对高血糖、脱水、酸中毒、电解质紊乱和可能的并发症进行综合的治疗。酮症酸中毒时，常并发感染，故抢救时，要用有效抗生素。

1. 由于受遗传因素的影响，胰岛细胞功能低下，从而使胰岛素明显缺乏，所以宝宝糖尿病人的血浆胰岛素值极低，甚至测不出，血糖值波动也很大。
2. 糖尿病宝宝多比成人病情重，而且早期不易发现，许多宝宝是以恶心、呕吐、昏迷等急性发病形式而住院，同时伴有脱水和酸中毒。
3. 病程长，影响宝宝的身体发育。
4. 治疗上与成人不同，应是胰岛素和饮食控制相结合，但考虑宝宝的生长发育，饮食控制不能太严，还需随时注意是否有酮症酸中毒等并发症，并及时处理。

宝宝糖尿病的饮食控制

糖尿病饮食控制很重要，但饮食所含热量要适合宝宝的年龄、生长发育和生活活动的需要。每日所需的热能（千焦）=1000+（年龄×80～100）。年龄越小所需热能越高。

热能分配为：碳水化合物占50%～55%，蛋白质15%～20%，脂肪30%。

蛋白质在3岁以下宝宝稍多些，一半以上应为动物蛋白。饮食量应在一定时期内固定不变，每日进食应定时、定量。

宝宝的智能开发

此时的宝宝学会了独走而且走得比较稳，有的宝宝甚至开始跑。宝宝的手更加灵巧，说话的词汇增多，喜欢模仿，勇于探索，爱发脾气。爸爸妈妈重要的责任是掌握好给宝宝自由发展的机会和必要保护约束的尺度。

美术潜能训练

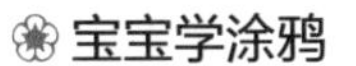

宝宝学涂鸦

方法

1. 在桌子上放上一些纸和笔，让宝宝用笔在纸上自由地涂鸦。

2. 开始的时候纸张可以大些，以后可以逐渐变小。

3. 也可以为宝宝准备一个画架，告诉宝宝想画画的时候就去画架上画。

目的 培养宝宝涂鸦的兴趣，激发宝宝的想象力。

注意 为了防止宝宝将家里的任何地方都当成画板，妈妈要为宝宝涂鸦做好充分的准备，除了画板，可准备一面专门用来让宝宝涂鸦的墙壁，以满足宝宝涂鸦的兴趣。

看这幅宝宝画出来的涂鸦，笔法虽然简单，内容却很丰富哦！

情感培育训练

过隧道

方法

1. 爸爸在柔软的地毯上弓着身上趴好，摆成山的模样，告诉宝宝，爸爸今天变成一座大山，爸爸的背就是高高的山顶。

2. 一家人一边念儿歌“爬呀爬呀爬呀爬，一爬爬到山顶上”，一边鼓励宝宝从爸爸身体的一侧爬，爸爸弓起的背部。再念“爬呀爬呀爬呀爬，一爬爬到山洞里”，指导宝宝从爸爸背上爬下，钻到爸爸的肚子底下。

3. 游戏反复进行。爸爸可以通过改变身体弓起的高度和身体的适当抖动、移动，增加游戏的难度和趣味性。

目的 在家长鼓励下能努力攀爬，体验成功的喜悦。通过游戏，增进父子之间的感情，体验共同游戏的乐趣。

注意 游戏时爸爸应穿着柔软的衣服，除去身上的饰物、手表等硬物。同时活动场地要比较宽敞、安全，地面不坚硬，以保证游戏中宝宝的安全。游戏初玩时，妈妈也可以在一旁给予一定的保护。

宝宝走路更加娴熟了，双脚靠得更近，步态也更加稳了。宝宝的协调性比较好了，能玩一些较为复杂的游戏，但宝宝还不知道什么活动是危险的，所以爸爸妈妈要注意宝宝活动时的安全问题。

宝宝的生理特征与生长发育

1.5 岁后的宝宝体格生长的速度仍较 1 岁前慢，但神经系统却在以较快的速度发展，表现在宝宝的动作、语言及心理活动等方面的能力较前有了显著的发展。

语言发育

这时宝宝的语言处于一个词代表一句话的阶段，如“饭”表示“饿了，要吃饭”。通常，爸爸妈妈都会理解宝宝的单词语言，在这基础上要鼓励宝宝说出双词句、多词句。爸爸妈妈要有耐心，一旦发现宝宝想要表达某种情绪时，要适当地引导宝宝。

适应性行为发育

1.5 岁的宝宝注意力集中的时间仍很短，很难坐下来安静地吃饭，总是走来走去。对陌生人会表示新奇，很喜欢看小朋友们的集体游戏活动，当有什么事情做不好、不顺心时，他还会发脾气、哭闹。1.5 岁的宝宝喜欢规律的生活，他们对所有的突然变化都会表示反对，比如从奶奶家搬到姥姥家居住，他会不适应、会哭闹。

体格发育

1.5 岁的宝宝肚子仍比较大，腹部向前突出。这时他已经能够控制自己的大便了，在白天也能控制小便，如果来不及尿湿了裤子也会主动示意。

心理发育

宝宝喜欢帮助大人做家务，如果爸爸妈妈让宝宝帮着拿一些东西，他会很高兴。宝宝喜欢室外的活动，对外界的人、动物等有极大的兴趣。宝宝喜欢听故事、看图画、学儿歌。习惯用点头或摇头的方式表达自己的想法。

宝宝的营养

这个阶段宝宝的饮食没有太大变化，已经能接受较硬食物，这样能促使宝宝牙齿、舌头、颌骨的发育。需要给宝宝吃些高钙的食物，以满足宝宝发育需要。由于宝宝消化功能还没有完善，因此饮食还以清淡为主。

宝宝营养不良的预防和调理

营养不良最初的表现是体重不能按照正常的规律随年龄的增长而增加。

近几年来由于物质生活的改善，重度营养不良已明显减少，轻度营养不良仍很常见。

轻度营养不良，首先要找出原因，并去除病因，如有慢性疾病则应治疗，如为偏食、挑食引起则应克服不良饮食习惯，同时用一些健脾胃的药，恢复正常饮食，直至体重正常。

重度营养不良治疗比较困难，宝宝不但消瘦，而且消化能力减弱，稍一不慎就会腹泻，引起脱水，早期须住院治疗。

宝宝吃饭时总是含饭如何应对

有的宝宝喜欢把饭菜含在口中，不嚼也不吞咽，这种行为俗称“含饭”。含饭的现象易发生在婴儿期，多数见于女宝宝，以父母喂饭者较为多见。

其实，这是由于父母没有让宝宝从小养成良好的饮食习惯，没有在正确的时间添加辅食，宝宝的咀嚼功能没有得到充分锻炼而导致的。

如遇此情况，父母可有针对性地训练宝宝，让其与其他宝宝同时进餐，模仿其他宝宝的咀嚼动作，这样随着年龄的增长，宝宝含饭的习惯就会慢慢地改正过来。

水果不可少

水果的营养价值和蔬菜差不多，但水果可以生吃，营养素免受加工烹调的破坏。

水果中的有机酸可以帮助消化，促进其他营养成分的吸收。桃、杏等水果含有较多的铁，山楂、鲜枣、樱桃等含大量的维生素 C。

宝宝多吃水果有助于消化。

宝宝的日常照料

随着宝宝自我意识萌出，独立的愿望越来越强，看到大人做的事情总要自己模仿着试试，如学吃饭、穿衣戴帽、解大小便等。由于此时宝宝的生活经验贫乏，独立活动更加频繁，所以要注意宝宝的安全，并给宝宝创造一个安全的活动环境。

宝宝的卧室要采取的安全措施

年轻的爸爸妈妈应该为宝宝创造一个安全、良好的睡眠、学习环境，以保证宝宝身心健康，防止宝宝不必要的损伤。那么，在幼儿卧室要采取哪些安全措施呢？

1 为了避免玩具箱盖子压住宝宝的手指，在玩具箱盖子的角上，粘上橡皮垫或软木塞，也可以把玩具放在有拉门的柜子里，或开放的架子上。

2 把宝宝的衣服放在有拉门的柜子里，尽量不要使用抽屉式的家具，以免宝宝开抽屉把整个抽屉拉出来砸伤脚和腿。

3 把大床的一边靠墙放，并在床前的地板上铺上褥子或垫子，万一宝宝从床上掉下来也摔不疼、摔不伤。也可以暂时在床边加一个活动栏杆。

4 不要把小床或其他可以爬上去的家具放在窗子旁，以防宝宝爬上窗子发生危险。

家庭门窗应采取的安全措施

现代化的都市内，高楼林立，一楼高过一楼。室内也装修得富丽堂皇，显得窗明几净。在此仍不免提醒那些有宝宝的家长，室内装修在讲究美观、大方的同时，还要对您的宝宝采取一些安全措施。

窗户的高度一般要求距地面0.7米，在窗子上装上栏杆或窗纱，以保证宝宝的安全；房门最好向外开，不宜装弹簧装置；装有玻璃门的家庭，应在玻璃门上与宝宝等高的地方，贴上贴纸，以提醒宝宝那里有玻璃，不是空的，以免磕破头；在宝宝自己会打开的门上系一个铃，当他推门出去时，以便里面的人可以察觉；在不想让宝宝进去的房间的门上端钉一个钩子扣住，以保证他推不开；在纱门上适合宝宝的位置，加一条浴室里挂毛巾用的横杆，以便宝宝推门进出容易。

漂亮的玩具箱哦！

宝宝的常见不适与疾病的预防

当宝宝累了、饿了、无聊以及生病的时候，特别容易发脾气。有的宝宝三天两头地生病。不是感冒发烧，就是拉肚子、咳嗽。在求医之余，爸爸妈妈也非常想知道，一向在家里好好的宝宝，为何现在会如此频繁地生病，该如何预防呢？

宝宝口吃的早期发现和矫正技巧

口吃患者往往是词组的第一个字发得特别急、短、重，因此不能流畅地滑到第二个字，于是出现重复或延长第一个字的发音，所以表现出口吃。比如“我们……”发成“我、我们”或“我——们……”口吃的宝宝唱歌不结巴，就是因为歌的曲子是抑扬顿挫的，帮助宝宝运气自如、连续、有节奏，所以能流畅地发音而不结巴。学龄前儿童比较容易发生口吃。

这个年龄段的宝宝词汇还不太丰富，又很想表达自己的意思，有时急于说话，便出现口吃，应当及时纠正，以免成为习惯。如发现宝宝有口吃，应心平气和地让宝宝中断说话，告诉宝宝说话慢一些，声音轻柔一些，第一个字发低一些，大人先说一遍，让宝宝跟着重复几次，再让宝宝自己说。

让宝宝背诵一些儿歌，学习唱歌和绕口令，有利于练习发音器官的灵活性。

环境对宝宝影响很大

环境对宝宝影响很大，特别是抚养宝宝的人如为哑巴或有口吃，可影响宝宝学习语言，造成口吃，应当避免。

猩红热的早期发现和治疗

猩红热是宝宝感染链球菌后引起的一种急性传染病。起病急，突然高热，嗓子痛。皮疹绝大多数发生在发病后1～2日，在几小时内由颈、胸、腹背而迅速到达四肢，遍及全身。典型的皮疹为在全身弥漫潮红的基础上，散在粟粒大小猩红色斑丘疹，稍突出皮肤表面，呈“鸡皮”状。用手指按压可退色，皮疹之间少见正常皮肤。口周显苍白圈，这是猩红热的特点之一。

在皮肤皱褶处有紫红色线条。舌肉红色，有小突起，似杨梅状，称杨梅舌。疹退后有小片或大片脱屑。猩红热可并发脓毒败血症、肺炎等而危及生命，还可并发心肌炎、肾炎等，应尽量早发现早治疗。

青霉素是治疗猩红热的有效药物，应治疗7～10天。如对青霉素过敏，可用红霉素等。护理除同急性上呼吸道感染外，因其具有传染性，需隔离一周。

宝宝做噩梦了

噩梦的发生，常由宝宝在白天碰到了某些强烈的刺激，比如看到恐怖的电视或听到恐怖的故事等而引起，这些都会在大脑皮层上留下深深的印迹，到了夜深人静时，其他的外界刺激不再进入大脑，这个刺激的印迹就会释放而发挥作用。此外，宝宝身体不适或有某处病痛也会出现噩梦。当宝宝生长快，而摄入的钙又跟不上需要，都会导致噩梦。爸爸妈妈怎样帮助宝宝走出噩梦？

1 在宝宝做噩梦哭醒后，妈妈要将他抱起，安慰他，用幽默、甜蜜的语言解释没有什么可怕的东西，以化解对噩梦的恐惧感。

2 要了解宝宝在白天看见了哪些可怕的东西。向宝宝讲清不害怕的道理，免得以后再做噩梦。有的宝宝在下雨刮风时看到窗外的树或其他东西不断的摇晃，就会和可怕的东西联想起来，到了入睡后自然会做噩梦。所以妈妈可带宝宝到窗外去走走，让宝宝知道窗外并没有什么可怕的东西，那些摇晃的东西不过是风吹动所致。

3 做噩梦的宝宝在第 2 天往往还会记住梦中的怪物，妈妈可让宝宝将怪物画下来，以培养宝宝的创造力，然后借助于“超人”、“黑猫警长”的威力打败怪物，以安慰宝宝。

4 当宝宝初次一个人在房间睡时，因害怕而会做噩梦，此时妈妈一方面向宝宝讲一个人睡的好处，另一方面可开个小灯，以消除宝宝对黑暗的恐惧。也可以打开门，让宝宝听到父母的讲话声，感到父母就在身边，这样就可安心入睡了。

5 预防宝宝做噩梦，父母在白天不要给宝宝太强的刺激、责备和惩罚。不要看恐怖的电视、电影和讲恐怖的故事。入睡前半小时要让宝宝安静下来，以免过度兴奋引起噩梦。

宝宝如果睡觉做梦时哭出来，妈妈可以抱住宝宝，对宝宝说：“哦，做梦了，没事的，没事的，妈妈在陪伴你！”一边说，一边抚摸宝宝的身体，直到宝宝安静下来为止。

宝宝的智能开发

这个时期的宝宝空间意识加强了，具备了上下、里外、前后方位意识，对于图形、色彩、分类等与数学相关的概念更能掌握了。宝宝到1.5岁，能够说50个词了，并呈级数增长。这时，宝宝开始把词连成句子，而且理解能力远远超出表达能力。

音乐智能开发

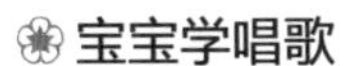

宝宝学唱歌

方法

1. 这时候，如抱着宝宝唱歌，他会感受到你身体有节奏的摇晃，会很认真地聆听歌声的旋律。

2. 如果反复唱一样的歌，能帮助宝宝听力和说话能力的发展，宝宝很快就会咿咿呀呀学语，哼唱歌曲了。

目的 宝宝是天生的小音乐家，热衷于摇椅子、拍小手、敲打玩具和跳舞等，也爱听大人唱歌。

注意 这种将游戏融入生活技能的训练能让宝宝体会到音乐的乐趣和养成良好的生活习惯，妈妈可以多尝试。

自行车

阅读能力训练

宝宝学识字卡片

方法

1. 准备一些正面有字、反面有图的识字卡片，如“电视机”、“娃娃”、“衣柜”、“糖果盒”、“小汽车”等。做正卡、副卡两套。

2. 妈妈读字，鼓励宝宝走过去把字拿过来，先取正卡的字，再到另一个地方取副卡上同样的字。

3. 妈妈读字，让宝宝先去指正卡，再走到另一处指副卡同样的字。宝宝指错了要再指，指对了要给予表扬。

目的 将字音、字形的鲜明印象印入宝宝脑海，同时将字形和字音联系起来，并刺激宝宝的视觉和大脑发育。

注意 妈妈在给宝宝做识字卡片时，字形要大，可以用废旧挂历裁成宽20厘米长的纸条，对折成正方形，可两面写字，这样的卡片既能摆、也能挂。

整天“造反”的宝宝

宝宝喜欢这儿摸摸那看看，翻箱倒柜，家里的用具敲来摔去，玩具拆散了架，被家人称作“造反派”。虽然还不会自己荡秋千，但会爬上溜滑梯的楼梯，并滑下来，也会抓着单杠让身体晃来晃去。

宝宝的生理特征与生长发育

将近2岁的宝宝走路已经很稳了，能够跑，还能自己单独上下楼梯。如果有什么东西掉在地上了，他会马上蹲下去把它拣起来。注意力集中的时间比以前长了，记忆力也加强了。

动作发育

这时的宝宝很喜欢大运动的活动和游戏，如跑、跳、爬、跳舞、踢球等。并且很淘气，常会推开椅子，爬上去拿东西，甚至从椅子上桌子，从桌子上柜子，你会发现他总是闲不住。

现在他只用一只手就可以拿着小杯子很熟练地喝水了，他用匙的技术也有很大提高；他能把6~7块积木叠起来，会把珠子串起来，还会用蜡笔在纸上模仿着画垂直线和圆圈。

语言发育

将近2岁的宝宝已经掌握了300多个词汇，他能够迅速说出自己熟悉的物品，会说自己的名字，会说简单的句子，能够使用动词和代词，说话时具有音调变化。常会重复说一件事。开始学唱一些单调的歌，喜欢猜一些简单的谜语。能说出图片中的物体名称。大人命令他干什么，能完全听懂且照着做。

适应性行为发育

宝宝会自己转动门把手，打开盒盖，会把积木排成火车，总想学着用小剪刀剪东西。总之，这时的宝宝非常可爱。

宝宝的营养

这个阶段，要重视培养宝宝良好的饮食习惯。宝宝的食品要多样化，不能只吃某一类食物。如果宝宝有对某一类食物出现偏食现象，要努力加以纠正。在给宝宝选购和烹调食物时，要注意选择有益于宝宝健康的食物和烹调方法。

正确为宝宝挑选零食

零食是指正餐以外的食品。零食花样繁多，外观精致，味道鲜美，加上铺天盖地的广告作用，不但宝宝爱吃，大人也爱吃。有的宝宝则发展到见到零食就要，吃零食比吃饭还多的地步。有的家长认为宝宝喜欢吃零食就让他吃去，零食也是食品，一样有营养，正餐吃得不多恰好可以由零食来补充。

就零食本身而言，有的零食含有一定的营养成分，对人体健康无害；有的零食由淀粉与调料加工而成，没有什么营养价值；另外一些零食则含有大量的调味品及人工色素、防腐剂，长期食用有害无益。无论哪一种零食，如不加限制地给宝宝吃，对宝宝的健康和生长发育都没有好处。

宝宝不宜常吃的零食

油炸食品	炸鸡翅、炸羊肉串等
冷饮食品	冰棍、冰淇淋、雪糕等
糖果	奶糖、巧克力、口香糖、泡泡糖等
含糖分高的饮料	可口可乐、果汁、乳酸饮料等
膨化食品	虾条、爆米花、炸薯条（片）等

父母在为宝宝选择零食时要注意以下几点：

1 为宝宝选择的零食一定要合理。除了要有水果外，还要包括糖类、坚果类和水产品类。这样才能保证宝宝摄入的营养全面均衡。

2 宝宝的零食摄入量宜少。父母应避免让宝宝一次进食过多的零食，防止对宝宝正常的饮食和生理过程造成影响。

3 宝宝不可食用过多的糖。糖会增加血液中糖的浓度，从而减少蛋白质的摄入，对宝宝生长发育产生不利的影响；糖还能诱发宝宝肥胖症，还可能引发龋齿。

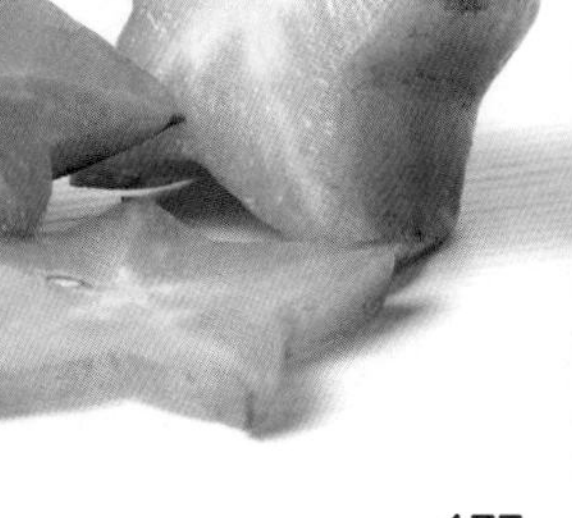

宝宝生病如何调整饮食

宝宝一旦生病，消化功能难免会受到影响，引起食欲减退。作为父母不要操之过急，而应合理调整宝宝的饮食。

1 对于持续高热、胃肠功能紊乱的宝宝，考虑给宝宝喂食流质食物，如米汤、牛奶、藕粉之类。

2 一旦病情好转即由流质食物改为半流质食物，除煮烂的面条、蒸蛋外，还可酌情增加少量饼干或面包之类。

3 倘若宝宝疾病已经康复，但消化能力还未恢复，表现为食欲欠佳或咀嚼能力较弱时，则可提供易消化而富于营养的软饭、菜肴。

4 一旦宝宝恢复如初，饮食上就不必加以限制。这时应注意营养的补充，包括各类维生素的供给，并应尽量避免给宝宝吃油腻和带刺激性的食物。

别给宝宝滥用补品

补品中均含有一定量的雌激素物质，即使“儿童专用滋补品”中的某些品种，也不能完全排除其含有类似性激素和促性腺因子的可能性。儿童长期大量服用滋补品，不仅会拔苗助长，导致性早熟，而且还可能造成宝宝身材矮小，因为雌激素具有促使骨骺软骨细胞停止分裂增殖，促进骨骺与骨干提前融合的作用。

健康宝宝不必进补；患急性病尚未痊愈者，慢性病处于活动期者不宜进补。对于已服补品的宝宝，一旦出现性早熟，应立即停药，及时去医院诊治。

宝宝“伤食”怎么办

宝宝进食量超过了正常的消化能力，便会出现一系列消化道症状，如厌食、上腹部饱胀、舌苔厚腻、口中带酸臭味，这些现象称为“伤食”。

处理方法有：可暂时让宝宝停止进食或少食1～2餐，1～2天内不吃脂肪类食物。宝宝可以喂脱脂奶、胡萝卜汤、米汤等；已断奶宝宝可以吃粥、豆腐乳、肉松、蛋花粥、面条等。同时可给宝宝服用一些助消化的药物。

宝宝食小米粥，可以促进消化。

宝宝的日常照料

宝宝穿开裆裤较方便，故一些家长喜欢给宝宝穿开裆裤。但是宝宝大一点后，仍穿开裆裤，而不穿满裆裤，就会带来许多弊病。冬季气候寒冷，空气干燥，冷暖变化大，要注意宝宝的防寒保暖。

宝宝1岁半后不宜总穿开裆裤

这是因为宝宝到1岁半以后喜欢在地上乱爬，若穿开裆裤，使外生殖器裸露在外，特别是小女孩尿道短，容易感染，严重者可发展为肾盂肾炎。

小男孩穿开裆裤，会在无意中玩弄生殖器，日后有可能养成手淫的不良习惯。在冬季，因臀部露在外边，易受寒冷而引起感冒、腹泻等。而穿开裆裤的宝宝，很容易就地大小便，一旦养成习惯，到4~5岁就难以纠正了。

因此，从宝宝1岁左右起，就应让宝宝穿满裆裤，并让宝宝逐渐养成坐便盆和定时大小便的习惯。

冬季注意保暖防病

冬季气候寒冷，空气干燥，冷暖变化大，流行的传染性疾病也多。同时，寒冷的气候会刺激呼吸道的黏膜，使血管收缩，降低了呼吸道的抵抗力及宝宝的免疫力，为此，应做好以下保健，以防止细支气管炎、肺炎、流脑、流行性感冒等冬季易发的疾病等。

1 避免着凉。冬季寒潮多，宝宝极易着凉感冒。因此，冬季要注意给宝宝保暖，避免着凉。

2 保护皮肤。冬天气候寒冷干燥，皮肤容易发痒和裂口。为此，应给宝宝吃些肉、鱼、蛋，多吃些蔬菜、水果，多喝开水，并常用热水泡手，选用适合宝宝皮肤特征的护肤品，给宝宝搽脸和手。

3 注意室温。冬季对人体健康最适宜的室温是18℃~24℃，儿童生活的室温宜高一点。室温过低，易使宝宝患感冒或生冻疮。

4 多晒太阳。在晴朗天气，应带宝宝到户外活动，多晒太阳，以增加体内的维生素D合成，增加宝宝对钙磷等矿物质的吸收。

5 不坐凉地。在冬季，石头、水泥地、沙土地等温度都很低，不要让宝宝坐在上面，以免易引起感冒、坐骨神经痛、风湿性关节炎和冻疮等，影响宝宝的身体发育和健康。

6 不去商场。冬天，不要带宝宝到影剧院、商场等人多的场所，尤其不要带宝宝到医院或病人家中去探视病人，以防感染。

宝宝的常见不适与疾病的预防

龋齿俗称“蛀牙”、“虫牙”，是最多见的口腔疾病。有龋齿多的宝宝会影响食欲和食物的吸收，甚至导致营养不良。2 岁的宝宝活泼好奇而且好动，经常出现肘部关节的损伤，尤其易发生宝宝挠骨头半脱位。

龋齿的预防

产生龋齿的原因是由于食物的残渣在牙缝中发酵，产生多种酸，从而破坏了牙齿的釉质，形成空洞，导致牙痛、牙龈肿胀，严重的会使整个牙坏死。采取以下措施，可有效避免龋齿的发生。

❀ 补充钙质

饮食中缺钙也会影响牙齿的坚固，牙齿因缺钙变得疏松，易形成龋齿。维生素 D 可帮助钙、磷吸收，维生素 A 能增加牙床黏膜的抗菌能力，氟对牙齿的抗龋作用也不可少，所以要注意从膳食中保证供给。在饮食中要多吃富含维生素 A、维生素 D 及钙的食物，如乳品、肝、蛋类、肉、鱼、虾、海带、海蜇等。

❀ 做好宝宝的牙齿保健

要让宝宝养成早晚刷牙的好习惯，最好在饭后也刷牙。牙刷要选择软毛小刷，刷时要竖着顺牙缝刷，上牙由上往下刷，下牙由下往上刷，切不要横着拉锯式刷，否则易使齿根部的牙龈磨损，露出牙本质，使牙齿失去保护而容易遭受腐蚀。

❀ 及时处理乳牙上的积垢

当宝宝满 2 岁时，乳牙已基本长齐，爸爸妈妈应带宝宝去医院检查一下，并处理乳牙上的积垢，在牙的表面进行氟化物处理。当后面的大牙一长出来，就要在咬合面上涂一层防龋涂料。这样做可以大大地减少龋齿。

❀ 要定期去看牙科

发现有小的龋洞就要及时补好，一般可每隔一年定期做牙齿保健。

预防宝宝肘部脱位

幼儿时期肘关节囊及肘部韧带松弛薄弱，在突然用力牵拉时易造成挠骨头半脱位。

家长在给宝宝穿衣服时，动作过猛；宝宝不听话，大人突然用力的牵拉均可造成脱位。如果出现过一次肘关节脱位，很容易再出现第 2 次、第 3 次，形成习惯性半脱位。

桡骨大半脱位以后，宝宝立即感到疼痛并哭闹，肘关节呈半屈状下垂，不能活动。到医院复位后，疼痛自然消失，可以抬肘拿东西。

宝宝的智能开发

满2岁的宝宝从学会抬头、翻身、坐、爬、站、走等大运动之后，将进入学习前进、倒退走、跑、跳、扔、踢、爬上、爬下等更为复杂的运动能力的阶段。这时的游戏应尽量让宝宝充分地活动身体。为使宝宝身心得到同步发展，父母的参与和宝宝的心情愉悦尤为重要。

观察能力训练

配配对

方法

1. 爸爸妈妈准备一些颜色相同但形状不同的物体，让宝宝分类、配对。

2. 爸爸选取红色、黄色、白色等不同颜色的小球若干。然后任意取出一种颜色的小球，再让宝宝取颜色相同的小球进行配对。在宝宝熟练后，可以进行“看谁拿得对和快”的游戏。

目的 训练宝宝对图形的观察和判断能力。

注意 宝宝配对成功后，要给予鼓励。

宝宝试着将这六张图片分为两组
（提示关键词：颜色）

逻辑思维能力训练

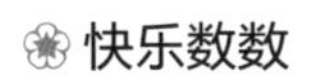

快乐数数

方法

1. 准备各种玩具若干，玩具筐一个。把玩具筐放在沙发上，将各种玩具放入地上。

2. 妈妈让宝宝将玩具捡起来，一个一个地放入玩具筐里。

3. 宝宝每次搬运一个玩具放到玩具筐中，妈妈就数一次玩具筐中的玩具，并把这个数字告诉宝宝。

4. 当宝宝全部搬运完毕后，妈妈要给予鼓励，并和宝宝一起将玩具筐中的玩具数一遍。

目的 教宝宝区分数量。

注意 妈妈在生活中要有意识地培养宝宝收拾物品的习惯，有效增加其自我服务的意识和能力，塑造宝宝对自己行为负责任的良好品格。

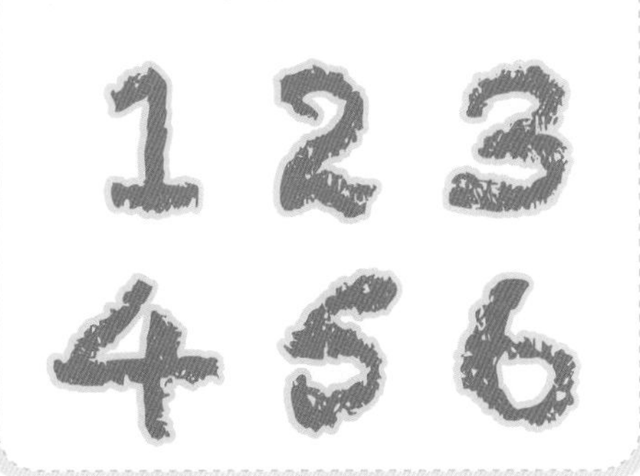

宝宝右脑发育水平轻松自测

对大脑的研究发现，人的大脑左右两个半球，不仅有差异，而且既有分工，各司其职，又有合作。人脑的左半球主要是语言、逻辑、数学的运算加工系统，主管逻辑思维；而右半球则主要是音乐、美术、空间关系的辩证系统，主管形象思维，是创造力的源泉。

下列 11 道题，可以帮助爸爸妈妈们检测宝宝右脑的发育情形。

1. 宝宝对初次见面的人的长相印象深入吗？
2. 宝宝喜好木头、石头、小草等天然材料制作的物品吗？
3. 宝宝遭到呵斥不生气，且会调剂自己，扭转自己刚才的做法吗？
4. 宝宝喜好采集各种小物件，如塑料玩具模子、小石头等吗？
5. 宝宝能很明白地记住动画片或图画书中的人物吗？
6. 宝宝看到他人的动作时老是热衷于模仿吗？
7. 宝宝喜好和他人一块儿进餐并感情较为愉快吗？
8. 宝宝语言是爱借助各种姿式来表明题目吗？
9. 宝宝外出时，对四周的统统都好奇，并察看四周的景物与人吗？
10. 宝宝只有饿了才吃饭，不饿不肯吃饭吗？
11. 宝宝对新玩具或游戏充满兴致并很快能进入状态吗？

评分标准：

回答“是”得 1 分，回答“不是”不得分。

得分 7 分以上：宝宝的右脑发育状态优越。

得分 4～6 分：宝宝的右脑发育状态一样平常，有必要增强练习。

得分不足 3 分：宝宝的右脑发育状态欠佳，增强开发练习势在必行。

塑造宝宝个性的关键期：2~3 岁宝宝的健康养育

这个年龄段的宝宝身长、四肢长得较快。该时期的宝宝好动，正是锻炼宝宝体能、提高其运动能力的好时机。该时期宝宝学说话最快，是获得词汇的高潮时期。每个宝宝还有自己的发展特点，各种能力的发展也不平衡，当然也不能忽视环境的影响，教得多的事情肯定先学会。

进入“第一逆反期”

宝宝在跑跑跳跳中学会了很多本领，有的可以在客人面前摇头晃脑地背诵唐诗了。情感发育开始向复杂化发展，从 2 岁开始，宝宝逐渐从惧怕中分化出羞耻和不安，从愤怒中分化出失望和羡慕，开始有了爸爸妈妈看得见、感受得到的喜、怒、哀、乐。

宝宝的生理特征与生长发育

这个时候的宝宝，走路稳，跑步快。会用双脚跳，也会向前跳；吃饭时会学着成人的样子用筷子夹菜，用笔画画，喜欢玩玩具等。开始有了数的顺序和空间感知能力。

动作发育

宝宝的运动和动作有了新的发展，其技巧和难度也进一步增加，手的动作更加灵活，已经能独立做许多事了。如自己用勺吃饭，要排便时会叫人，积木可以垒得很高，走路已很稳，而且能连跑带跳了，握笔的动作也由原来四个手指攥着，改为用手指尖拿了。

语言发育

该时期是宝宝语言发育的最佳阶段，宝宝说话的积极性高，语言能力发展迅速，可以自如地应用最基本的词汇与大人进行语言交流。

心理发育

该时期的宝宝自我意识有了很大发展，什么都要以自己为中心，什么事都要自己干，而且很任性，表现出不服从大人管教、要求独立的倾向，经常与大人顶嘴，进入所谓的“反抗期”。由于此时也是宝宝情感发育和情绪剧烈动荡的时期，在和其他小朋友玩时，也容易吵架。

这个时期的宝宝，注意力和记忆力也有了很大的发展，能够安静地坐上一段时间看电视或听家长讲故事，能很快地跟大人学习背诵一首儿歌。

宝宝的营养

这个时候的宝宝，培养良好的进食习惯是非常必要的。要做到规律进餐，定时定量。应安排好早、午、晚三餐及早、午、晚三次的点心。不要让宝宝养成挑食、偏食、吃零食的习惯，并帮助宝宝锻炼自己的动手能力，让宝宝自己尝试用汤匙、碗吃饭。

让宝宝愉快地就餐

一个人情绪的好坏，会直接影响这个人的中枢神经系统的功能。一般来讲，就餐时如果能让宝宝保持愉快的情绪，就可以使他（她）的中枢神经和副交感神经处于适度兴奋状态，会促使宝宝体内分泌各种消化液，引起胃肠蠕动，为接受食物做好准备。接下来就是有机体可以顺利地完成对食物的消化、吸收、利用，使得宝宝从中获得各种营养物质。如果宝宝进餐时生气、发脾气，就容易造成宝宝的食欲缺乏，消化功能紊乱，而且宝宝因哭闹和发怒失去了就餐时与父母交流的乐趣，父母为宝宝制作的美餐，既没能满足宝宝的心理要求，也没有达到提供营养的目的。因此，要求家长要给宝宝创造一个良好的就餐环境，让宝宝愉快地就餐，才能提高人体对各种营养物质的利用率。如此说来，愉快地进餐是宝宝身心健康的前提，是十分重要的。

当心染色食品对宝宝的危害

国家明令禁止在宝宝食品中加任何色素。可是目前市售的儿童食品中，着色是很普遍的，拿这种儿童食品喂养宝宝是有害的，可造成智力低下、发育迟缓、语言障碍，严重者会停止生长发育。

爸爸妈妈们在为宝宝选购食品时，应多为宝宝的健康着想，在选择漂亮的食品和饮料时，要慎之又慎！尽量挑选不含或少含人工色素的食品，以限制色素的摄入量，尤其在夏天，不要让宝宝喝太多的着色饮料，要掌握一个原则，那就是宝宝的食品和饮料，应当以天然品或无公害污染产品为主。

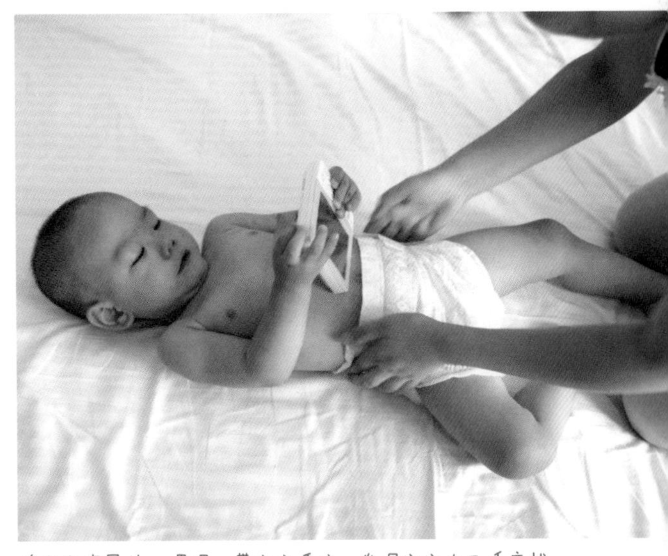

给宝宝换尿片、喂奶、带宝宝看病、发现宝宝的不适症状、宝宝好习惯的教育……所有这些都是父母在养育宝宝的过程中逐渐发展起来的，没有哪个父母天生就会做父母。

宝宝的日常照料

宝宝的生活自理能力和其他方面的能力一样，是从小培养和训练出来的。只要爸爸妈妈训练得当，2 岁的宝宝是能够自己吃饭、穿脱简单的衣服的，例如开襟的上衣、松紧短裤等。随着年龄的增长，可以结合日常生活，让宝宝自己系鞋带、用筷子吃饭……

带宝宝郊游应注意的问题

年轻的爸爸妈妈们，有着超前的消费观念和生活意识，可能会经常带宝宝到野外去旅游、度假，由于宝宝小，进行这些活动时有以下问题需要家长注意。

1 带一本急救手册和一些急救用品，包括治疗虫咬、日晒、发烧、腹泻、割伤、摔伤的药物，并准备一支拔刺用的镊子，以防万一。

2 即便在营地能买到所需要的食物和饮料，也要准备好充足的食物和饮水，以防万无一失。

3 准备好换洗的衣服和就餐用具，并将它们装在所带的塑料桶里，这些大小不同的塑料桶可以用来洗碗、洗衣服。

4 给宝宝准备一个盒子，里面放一些有关鸟类、岩石及植物的书供他参考，并放入许多塑料袋、空罐子、盒子给他装采来的标本。

5 无论气象预告如何，一定要带上雨具、靴子、外套，以备不测。

节假日后宝宝患病多，预防关键在父母

节假日家长带宝宝到人群拥挤的娱乐场所玩，或不注意宝宝饮食卫生，再加上劳累，导致宝宝患病。那么，节假日后宝宝的多发病是什么呢？

1 呼吸道疾病。发病的主要原因是节假日期间带宝宝到人群拥挤的娱乐场所，那里人多，空气不流通、浑浊，如果再遇到疾病流行季节，很容易交叉感染而得病，如气管炎、肺炎、水痘、腮腺炎、百日咳、流行性脑膜炎等。

2 胃肠道疾病。发病的主要原因是在节假日为了让宝宝高兴，给宝宝吃大量的零食，以至于远远超过宝宝胃肠道的消化功能。或宝宝想吃什么就买来吃，不考虑饮食卫生，食用了污染的食物或应用了污染的餐具，最终导致宝宝消化不良、胃肠炎、细菌性痢疾等疾病。

因此，节假日里，家长切记注意饮食卫生，给宝宝讲“病从口入”的道理，吃东西前要用肥皂、流动水洗手。不要带宝宝到人群拥挤的公共娱乐场所去玩，尤其是在疾病流行季节，更不宜带宝宝外出。另外，在节假日的晚上，应注意让宝宝及早休息，睡眠充足，消除疲劳，减少疾病。

宝宝的常见不适与疾病的预防

宝宝鼻子的出血部位绝大部分是在鼻腔前部，小儿急性喉炎常见于6个月至3岁的婴幼儿……这些疾病都比较易于防范或早期发现。但对于智力发育迟缓或智力低下的问题相对来讲发现比较难。

服驱虫药时应注意饮食调理

1 目前的驱虫药不需要严格忌口，在驱虫后可吃些富有营养的食物，如鸡蛋、豆制品、鱼、新鲜蔬菜等。

2 驱虫药对胃肠道有一定的影响，所以饮食要特别注意定时、定量，不要过饱、过饥，过量的营养反会使胃肠道功能紊乱。

3 服驱虫药后要多喝水，多吃含膳食纤维的食物，如坚果、芹菜、韭菜、香蕉、草莓等。水和植物纤维素能加强肠道蠕动，促进排便，可及时将被药物麻痹的肠虫排出体外。

4 要少吃易产气的食物，如萝卜、红薯、豆类，以防腹胀。也要少吃辛辣和热性的食品，如茶、咖啡、辣椒、狗肉、羊肉等，因这些食物会引起便秘而影响驱虫效果。

5 钩虫病及严重的蛔虫病多伴有贫血，在驱虫后应多吃些红枣、瘦肉、动物肝脏、鸡鸭血等补血食品。

6 在夏季进食生冷蔬菜和水果最多，感染蛔虫卵的机会大，到了秋季，幼虫长为成虫，都集中在小肠内，如此时服驱虫药可收到事半功倍的效果。

育儿小提醒，宝宝大健康

服驱虫药后多吃酸味食物

常听一些家长说，宝宝打虫药也服过了，但不见蛔虫打出。蛔虫有“得酸则伏”的特性，因此宝宝服用驱虫药后，如果能吃一点具有酸味的食物，如乌梅、山楂、食醋等，有利于蛔虫的排出。

弱智儿的提示信号与早期发现

弱智儿又称“智能落后”、“智力低下”，泛指大脑发育不全或精神神经系统发育不全或大脑受损伤而导致智力发展障碍的儿童。它不是一种单纯的疾病，也不是某一疾病的综合征，而是由先天或后天多种因素造成的智能缺陷或智能低下。

如何能识别宝宝早期智力低下的信号并及早治疗呢？

宝宝早期智力低下的信号

外形异常	先天愚型	宝宝面部扁平、塌鼻梁、常张口伸舌、流涎、身材较矮、眼裂上斜、内眦赘皮、易辨认
	脑积水	宝宝脑袋特别大，眼睛犹如“太阳下山状”
	甲状腺功能减低（呆小症）	宝宝表情呆滞、皮肤粗干、舌头宽大、面部臃肿、两眼的距离加宽
	苯丙酮尿症	宝宝皮肤异常的白、毛发颜色也特别浅，有的皮肤很干燥
气味异常	苯丙酮尿症	宝宝由于苯丙氨酸代谢障碍，苯乙酸不能和谷氨酰胺结合，从尿和汗液中排出，呈发霉样的气味（鼠尿味），家中能闻到耗子臊味
	枫糖尿症	宝宝尿常存烧焦糖的气味
	甲基丁烯酰甘氨酸尿症	宝宝小便呈猫尿味
语言异常	自闭症	正常宝宝在 7 个月时就会模仿大人发出简单的单词，1 岁时会叫人，说出 10 多个单词，听懂简单的指令，2 岁时会回答简单的问题，3 岁时会正确表达自己的意见。自闭症的宝宝往往落后正常宝宝 1~2 年
	先天愚型、苯丙酮尿症	宝宝语言更落后，智商常低于 50
动作异常	呆小症	正常宝宝,3 个月会抬头,6 月会坐,8 月会爬,9 月会扶站,1 岁会走。患有智力低下的宝宝，动作发育大大落后于正常宝宝。宝宝特别“乖”
	苯丙酮尿症	宝宝步态异常，常多动，兴奋不安，与正常宝宝淘气、活泼不同，宝宝有无目的的、不可抑制的动作，如推倒椅子，碰碎花瓶
反应异常	宝宝对环境总是“漠不关心”，非常安静，很少哭吵，被妈妈误认为是个“乖宝宝”，这样常会忽视他们智力有问题	
哭声异常	先天愚型、呆小症	宝宝哭声往往低微
	威来姆病	宝宝除智力低下外，哭声也嘶哑
	猫叫综合征	宝宝智力低下，在出生不久，哭声如猫叫

以上疾病都会引起智力发育异常。宝宝的爸爸妈妈应善于明察秋毫，对宝宝身上的外形异常、气味异常、语言异常、动作异常、反应异常、哭声异常引起警惕，因为这可能是疾病的早期信号。

宝宝的智能开发

提高宝宝的智力最直接的方法就是不停地刺激其大脑，让宝宝大脑“转”起来。每个宝宝都会在大概2岁的时候面临智力的飞速提高，随之而来的则是性情大变。可能会变得对周围的一切产生极大兴趣，无论是看到的、听到的、摸到的，或者是尝到的。

情感训练

战斗游戏

方法

1. 爸爸当坏人，宝宝当好人，宝宝和爸爸各占据一个房间，每人持一把玩具枪和一些报纸球做的弹药。

2. “战斗”开始了，宝宝和爸爸互相对射，并用手榴弹对打，爸爸主要倚靠房门做防御动作，并激起宝宝的进攻意识。

3. 当宝宝用弹药打中爸爸时，爸爸要装出垂死挣扎的样子，但怎么打也打不死，以此来进一步激发宝宝不断进攻的勇猛意识。

4. 最后以爸爸的“死亡”结束游戏。

目的 体验和爸爸共同游戏的刺激和快乐，喜欢爸爸，对爸爸的勇猛、力大产生敬佩和自豪。

注意 这是很多宝宝都喜欢玩的游戏，但这个游戏并非是男宝宝的专利，女宝宝也可以和爸爸这样玩。游戏中爸爸要用自己的积极投入调动宝宝的活动情绪，双方共同感受一起游戏的快乐。

社交能力训练

协同合作游戏

方法

1. 父母带着宝宝到有同龄宝宝的邻居家串门。

2. 让宝宝们一起玩游戏，如盖房子、拍手、拉大锯等，鼓励宝宝与同伴一起玩耍。

3. 给宝宝们相同的玩具，避免他们争夺。

4. 在玩游戏的过程中，当一个宝宝做一种动作或发出一种叫声时，另一个宝宝会立刻模仿，然后互相笑笑，这样可增加亲密感。

目的 让宝宝提升社交能力，交到朋友，在游戏中培养相互的默契。

注意 协同的游戏是这一时期最好的游戏方式，爸爸妈妈要想办法为宝宝创造这种一起玩的条件，扩展宝宝的交际圈。平时，要经常带宝宝外出做客或购买物品，还要经常邀请左邻右舍的小朋友或宝宝的小伙伴到家中来与宝宝一起玩。

越来越有自己的主张

"谢谢、您好、再见"等礼貌用语宝宝已经掌握了，有的宝宝已经能够很好地蹬小自行车，但是不能很好地控制方向。随着大动作的发展，宝宝已经可以穿脱简单的开领衣服。出现了高级情思的萌芽。如做大人交给的简单的事情，做完后会感到"完成任务"。

宝宝的生理特征与生长发育

随着宝宝的长大，躯体和四肢的增长比头围快。由于骨骼增长较快，钙磷等沉着也开始增加。这个时期宝宝的20颗乳牙已经出齐，有了一定的咀嚼能力。语言发育更加明显，自理能力进一步增强。

动作发育

28～30个月的宝宝，运动能力已经非常强了，具有良好的平衡能力，并会拍球、抓球和滚球了。由于这个时期宝宝的运动量较大，因此肌肉也结实、有弹性了。

语言发育

这一时期的宝宝发音的准确性有待提高。平时，父母要注意训练与培养宝宝发音的方式与技巧，随着宝宝的成长和大人不断地加以正确引导，宝宝的发音就会逐渐准确。

适应性行为发育

2～3岁的宝宝比较难调教，爸爸妈妈戏称为"最讨厌的时期"。这时期，宝宝妄想独立，但由于经验不足又独立不起来，面对别人的照顾又不领情，让人着实头疼。

宝宝身上会表现出明显对立的特点：可爱和可恶并存，大方和自私共生，时而要依赖，时而要独立。

感知能力发育

这一阶段宝宝感知能力的发展依然很迅速，是发展宝宝感觉智能的一个比较好的时期。能分清各种基本颜色，如红、黄、蓝、绿等，能分辨圆形、三角形、正方形和其他一些几何图形。开始出现最初的空间知觉和时间知觉。

宝宝的营养

平衡膳食、合理的营养是保证宝宝健康成长的物质条件。但是，如何才能让宝宝将这些营养品摄入体内，并使其发挥作用呢？答案只有一个——培养宝宝良好的饮食习惯。

从小注重宝宝良好饮食习惯的培养

饮食习惯不仅关系到宝宝的身体健康，而且还关系到宝宝的行为品德，家长应给以足够的重视。

对于宝宝来讲，良好的饮食习惯包括：

❀ 饭前做好就餐准备

按时停止活动，洗净双手，安静地坐在固定的位置等候就餐。

❀ 吃饭时不挑食、不偏食、不暴饮暴食

要饮食多样，荤素搭配，细嚼慢咽，食量适度；吃饭时注意力要集中，专心进餐；不边玩边吃、不边看电视边吃、不边说笑边吃。爱惜食物，不剩饭。

❀ 饭后洗手漱口，帮助父母清理饭桌

此外，还应培养宝宝独立进餐、喝水和控制零食的好习惯。

家长本身应保持良好的饮食习惯，为宝宝树立好榜样。其次还应为宝宝创造良好的就餐环境，准备品种多样的饭菜，掌握一定的原则，及时表扬和纠正宝宝在饮食中的一些表现。经过日积月累的指导和训练，宝宝就会逐渐养成良好的饮食习惯。

为了自己的健康，宝宝要养成良好的饮食习惯哦！

宝宝的日常照料

2 岁多的宝宝每 24 小时需要 13 小时的睡眠。宝宝只顾着玩，来不及脱掉尿湿裤子也是常见的。家居要注意安全，注意日常冷暖的调节保护，外出时要做好必要的准备工作。在宝宝乐园玩耍时，要选择适合自己宝宝玩耍的游戏。

宝宝外出应做好的准备

毯子

宝宝经常会在外面睡着，及时用毯子盖好可避免着凉。

被单

用来遮阳、挡风。

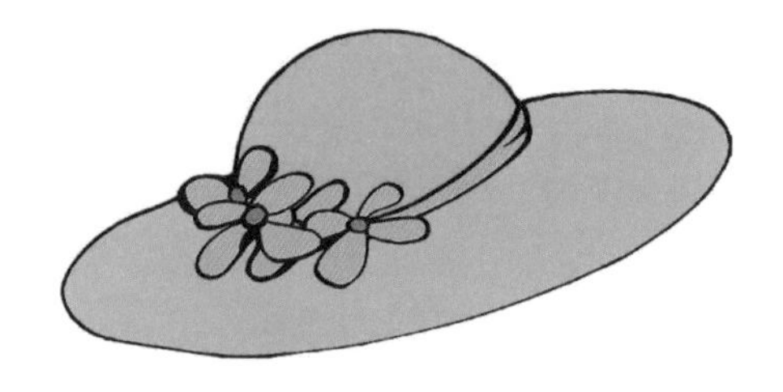

遮阳帽

避免宝宝眼睛受阳光直射。

宝宝包

包内有纸巾、湿纸巾、纸尿布、奶粉、奶瓶、水瓶、热水壶、一套换洗衣服（出门 1 小时以上）、家庭电话。

宝宝车或宝宝背带

如带宝宝乘坐汽车，最好准备宝宝汽车座椅，并根据说明书将宝宝汽车座牢固地安装在汽车后排座位上。如不使用宝宝汽车座椅，大人应抱着宝宝坐在后排，万万不可坐前排。

护好宝宝的脚

同成年人相比，小宝宝的脚更爱出汗。因为在儿童相对少得多的皮肤面积上，却分布着与成年人同样多的汗腺。潮湿的环境利于真菌生存，为了能够消灭脚部真菌，宝宝们的脚需要很好的护理：定期洗脚。每天至少 1 次，之后让脚彻底晾干；在运动和远足等活动之后用温水洗脚；每天清晨或洗脚之后，换上清洁的袜子，而且最好穿棉袜；经常更换鞋子，以便让潮湿的鞋垫和内衬能够充分晾干。

满 2 岁的宝宝不宜再用尿不湿

尿不湿给家长省去不少的麻烦。但长期使用尿不湿，可能使宝宝失去早期训练自我控制能力的机会，影响宝宝的身心发育。宝宝出生 2 个月时就会用哭声表示“想要尿尿”的意思。再大一点，他们会用动作来提醒大人。如果宝宝的信号没有得到回应，久而久之，这种反应就会消失，结果是宝宝只要有便意，就随时“方便”。因此，专家指出，满 2 岁的宝宝不要再用尿不湿。不然就会省去小麻烦，招来大麻烦。

宝宝的常见不适与疾病的预防

养育一个健康宝宝是家长们共同的心愿，在养育的过程中，如果宝宝生病了，是家长们最头疼的事情。幼儿时期的宝宝有了一定抵抗力，但妈妈们不能放松警惕，还是要做好疾病的预防与治疗。

水痘发病的时间及传播途径

到了立春后是水痘的流行高峰，带状疱疹病毒是引起水痘的“罪魁祸首”，通常通过飞沫传播，也可以由病毒污染的灰尘、衣服和用具传染。

❀ 水痘的症状分析

一般在接触水痘后 14～17 天开始出现症状。初有发热、头痛、咽喉疼痛、恶心、呕吐、腹痛等症状。1～2 天后在躯干出现红色的小丘疹，随即形成绿豆大小、发亮的小水疱，水疱的周围有红晕。经过数天，疱干涸形成痂，约 2 周痂脱落而痊愈。如水痘皮疹引发继发细菌感染，此时细菌趁虚而入引起败血症、肺炎、脑炎和暴发性紫癜，需及时救治。

得水痘的宝宝玩过的玩具，要及时消毒，避免水痘传染。

❀ 如何护理出水痘的宝宝

1 早期隔离。直到全部皮疹结痂为止。宝宝的玩具、家具、地面、床架可用3%来苏水擦洗，被褥、衣服等在阳光下暴晒 6～8 小时。

2 宝宝卧床休息，室内要通风，保持新鲜的空气。不要过分保暖，因为过厚的衣服易引起疹子发痒。初发的水痘很痒，引起宝宝抓搔，损伤皮肤，所以要剪短宝宝的指甲。要勤换衣服，保持皮肤清洁。

3 宝宝的饮食宜用清淡的流质或半流质。如豆浆、牛奶、蛋汤、菜粥、挂面、水果等。忌食刺激性食物及油煎食品。多喝水或新鲜果汁以帮助排泄毒素。

宝宝嗓子有痰，父母不可大意

宝宝的痰都产生在咽部、气管、支气管和肺部。宝宝有痰都是不正常的，一般与上呼吸道感染炎症有直接关系。感冒、上呼吸道感染时多出现色白而清稀的痰；痰黄或白黏稠者，多为气管炎、肺炎；痰稠不利、咳嗽不畅而有回声者，多为百日咳；痰带脓血，多考虑肺脓肿等。因此，宝宝有痰，要及时请儿科大夫诊治。

宝宝的智能开发

28 ~ 30 个月的宝宝的运动能力有了明显提高，加上宝宝天生活泼、好动，所以这一年龄段的游戏难度明显增加了。

艺术智能训练

涂鸦绘画智能开发

方法

1. 为宝宝准备好纸、蜡笔、胶水、碎布料、报纸、鸡蛋壳、纸盒、管子、塑料餐盒、细绳等。爸爸妈妈要让宝宝有机会聊他的作品，说出感受，可以这样启发宝宝：“跟妈妈说说你的画吧，为什么要画小白兔呢？”

2. 在欣赏宝宝的作品时，要用些特别的、描述性的语言来赞美，可以具体地说说宝宝使用过的颜色和画画的方法等。

3. 当爸爸妈妈把宝宝的艺术作品贴在冰箱或墙上，让每个人都看到时，宝宝会知道爸爸妈妈很欣赏他的创作能力。这是增强宝宝自信心的一个好方法。

目的 宝宝能用涂鸦来表达自己的意愿和想法。艺术是宝宝智力飞翔的天堂，爸爸妈妈要大力培养。

注意 在画画时，如果宝宝看起来好像被难住了，这时爸爸妈妈可以用提问的方式来提示他，如宝宝想画只小狗，妈妈可以说：“想一想，小狗有几条腿啊？”

社交能力训练

明星秀

方法

1. 妈妈和宝宝一起看一小段动画片或广告，然后和宝宝一起讨论里面看到的画面。

2. 妈妈要鼓励并引导宝宝把动画片或广告中的主要情节表演出来，宝宝表演完之后，妈妈要用掌声给予宝宝鼓励，不要打击宝宝的积极性。

3. 也可以办一个小型的家庭模仿秀，让家庭中的成员一起模仿画面中的人物进行比赛。

4. 或者分别扮演不同的角色进行对话，最后选宝宝为“明星”宝宝，并奖给宝宝一个心爱的玩具。

目的 锻炼宝宝的社会交往能力和语言能力。

注意 通过表演，能锻炼宝宝的社会交往能力和语言能力，能让宝宝熟练运用各种生活语言，妈妈要鼓励宝宝多做。

认知能力训练

买水果

方法

1. 妈妈提前将准备好的一些玩具水果或水果卡片放在桌子上，让宝宝提着小篮子或小口袋来买水果。

2. 妈妈让宝宝说出名称，说对了就可以让宝宝将“水果”放到篮子中，说不对就不给宝宝“水果”。

3. 如有剩下的几种水果宝宝认不出来，就教宝宝辨认，直到宝宝将所有的水果都买走。

4. 当宝宝知道了所有水果的名称后，让宝宝当卖者，妈妈可以故意说错1~2种水果名称，看看宝宝是否能听得出来，能否及时纠正。

目的 通过这个训练能提高宝宝的语言表达能力和认知能力。

注意 水果的种类可以不断变换，以此来保持宝宝的兴趣。当宝宝买对了水果的种类时，妈妈要及时给予鼓励。

情感培育训练

墙壁投球

方法

1. 爸爸首先给宝宝做个示范。

2. 让宝宝使出全身力气往墙壁投出一球。

3. 然后再让他跑去接反弹回来的球。

4. 虽然刚开始球会四处弹跳，但是经常多次练习后，宝宝就能够控制方向了。

目的 通过这个游戏能训练宝宝手臂的力量和敏捷性，增进爸爸和宝宝间的亲子感情。

注意 不要让宝宝的手臂使用过度，要安排适当的游戏时间。这个年龄段的男宝宝要展现男子气概，越是常和爸爸玩的宝宝越是如此，应该适时地让宝宝爆发他的力量。

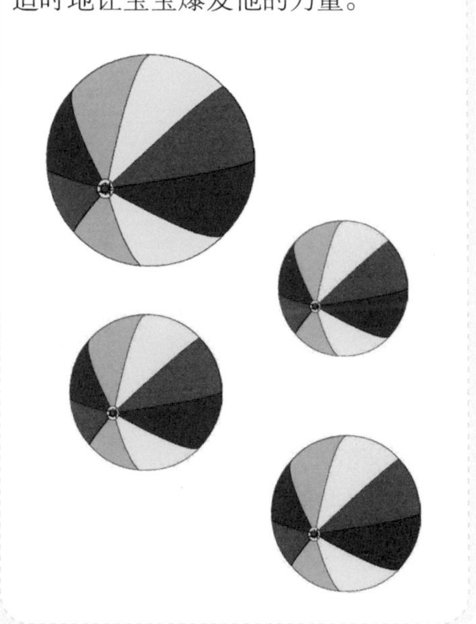

小脑瓜蕴藏着无数个“鬼点子”

这时期，宝宝妄想独立，但由于经验不足又独立不起来，面对别人的照顾又不领情，让人着实头疼。宝宝身上会表现出明显对立的特点：可爱和可恶并存，大方和自私共生，时而要依赖时而要独立。

宝宝的生理特征与生长发育

这个时期的宝宝比上个阶段发育得更快，身体更加强壮。躯体动作和双手动作继续发展，比上个阶段熟练很多，而且增加了随意性。可以比较自如地调节自己的动作。还能够自由轻松地从楼梯末层跳下。

动作发育

运动能力有了进一步的发展，在运动技巧上，动作越来越灵巧、熟练，跑、跳、攀登、钻、爬等动作已不在话下。双手的动作越来越精细，已能玩一些带有技巧性的玩具。

语言发育

这个阶段仍是宝宝语言发育的关键期，通过听大人讲故事、学习儿歌、背诵诗歌、复述简单情节的故事等活动，积极地学习和应用语言，宝宝的语言水平得到迅速的发展，词汇量已达到 1000 个以上，并能运用合乎基本语法结构的简单句和复合句。

适应性行为发育

在这个阶段，宝宝在独立愿望日趋增长的情况下，自己动手的能力不断增强，自己可以吃饭、穿衣、洗脸和帮助大人干一些力所能及的事情。

心理发育

心理发育速度加快，感知和思维也逐步活跃起来。在自我意识发展的基础上，宝宝已能判断“好”与“不好”、“对”与“不对”，并对自己的行为有所调节和控制。宝宝的注意力和记忆力也较前有所提高，能较长时间地看电视、做游戏或听大人讲故事，并能记住一些故事的简单情节和人物。

宝宝的营养

这个时期的宝宝已经能自己进食，对食物的自主选择能力也增加了。此时要根据宝宝的生理特点和营养需求，为宝宝制作可口的食物，保证获得均衡营养。必要时可以考虑进补。

冬季是体虚宝宝进补的好时节

当入冬后，我国传统习惯是适宜进补的季节，对体虚的宝宝，应用中药调补确实可以起到增强体质的作用，但是若调补不当反而适得其反。

俗话说"药补不如食补"。由于冬季寒冷，可给宝宝适当地补充高蛋白、高脂肪的食物，如鸡、鸭、肉类、蛋及奶制品。红枣、莲肉、山药、龙眼肉、木耳、香菇、豆制品、米仁、核桃肉等都是冬令较佳的营养品。还要多给宝宝吃一些含有维生素、矿物质和微量元素较多的新鲜蔬菜和水果，这些食物是儿童生长发育不可缺少的物质。

中医学认为"虚者补之"，就是说体虚的人需要调补，宝宝也不例外。滋补药应根据宝宝的不同体质区别对待。

体虚的表现	体虚的判断	调补之道
宝宝平时容易感冒，多汗，易乏力	属于气虚	宜给补气药，可服用黄芪、太子参、白术、防风，煎汤
宝宝消瘦、厌食、面色萎黄、大便溏薄	属于脾虚	宜给健脾消食药，可服用山药、白术、扁豆、米仁、山楂、麦芽
宝宝面色苍白、夜寐不安、神疲乏力、舌质淡白	属于血虚	宜给益气养血药，可服用黄芪、党参、当归、何首乌、黄精、红枣
宝宝生长发育落后，尿频、面色苍白、舌胖	属于肾虚	宜给补肾壮骨药，可服用淫羊藿、补骨脂、熟地、枸杞子、桑葚

需要提醒的是，体虚的进补也要有法。如：

1 当宝宝感冒后容易发生食欲减退，口有异味，大便秘结，舌苔厚腻，说明体内湿热较重，此时决不能给予滋补药，应先用清热利湿药，如藿香、佩兰、厚朴、黄芩等，待湿热退后再用滋补药。

2 对原有脾胃虚弱、消化功能差、食欲缺乏的宝宝，先要用"开路药"，如山楂、麦芽、陈皮、苍术等，待食欲有所改善后再用滋补药。

3 对正在生长发育的宝宝，不能服用含有过多激素的补药，如哈士蟆、蛤蚧、红参等。

重视宝宝的用餐教养

此时宝宝的咀嚼能力也增加了许多，所吃食物与成人已相差无几了。而且其独立生活的能力不断提高，大多数已能够熟练地使用小勺独自吃饭。此时应注意培养宝宝良好的就餐习惯，让宝宝学习一些餐桌上的规矩。

1 让宝宝与大人同桌吃饭。这样宝宝就能充分地体验饮食文化，学习和模仿大人文明礼貌的进餐行为，模仿大人进餐的动作，从而学习和继承大人进餐的好习惯，并进一步学习使用餐具。同时，宝宝和大人一起就餐，可提高宝宝的兴趣，增进食欲。

2 不要专为宝宝开小灶。不要由着宝宝任意在盘中挑着拣着吃。要让宝宝懂得关心他人、尊重长辈。宝宝的饭菜要少盛，吃多少给多少，随吃随加，从而避免剩饭、造成浪费，还会使宝宝珍惜饭菜，刺激食欲。如果宝宝饭碗里总是堆得满满的，不但让宝宝发愁，影响到食欲，而且会使宝宝感到饭菜有的是，不懂得去珍惜和节约。

3 注意餐桌上的卫生。在家人同时进餐时，父母往往用自己的筷子给宝宝夹菜或喂宝宝，这样很容易将自己口中的致病细菌带给宝宝，使宝宝得病。因此，为了宝宝的健康，最好在餐桌上使用公用餐具，培养良好的卫生习惯。

宝宝良好的用餐习惯，要从小培养。

宝宝的日常照料

该时期的宝宝自我意识有了很大发展，什么都要以自己为中心，什么事都要自己干，并且很任性，表现出不服从大人管教、要求独立的倾向，经常与大人顶嘴，进入所谓的“反抗期”。因此，在日常照料上难度大大增加。

宝宝“左撇子”不必强行纠正

人的大脑分为左、右两个半球，交叉管理着肢体运动功能和分工协作管理着视、听、说等功能，所以不同的大脑的功能并不是平均分布在这两个半球上，而是其中有一个管理着人体绝大部分的功能，称为优势半球，绝大多数人优势半球位于左侧，所以习惯于用右手。少数人右脑为优势半球，因此习惯于用左手。这都是大脑的生理解剖特点所决定的，“左撇子”只是一种表现。

如果强行改变宝宝惯于使用左手的习惯，就等于让外行来做内行的事，左手原来可以很顺利完成的简单动作，由于改换右手就成了难以完成的复杂动作。因此宝宝“左撇子”不一定需要纠正。

研究发现，大脑优势半球一旦受到干扰，就会造成功能紊乱。很多“左撇子”经家长硬扳改用右手后，宝宝患了口吃，并在语言、阅读、书写等方面出现了问题。因此，不应强行纠正宝宝“左撇子”。

宝宝泌尿道感染的预防和护理

宝宝为什么容易患泌尿道感染呢？因为宝宝时期许多器官发育不很完善，免疫功能差，抗病能力也差，皮肤薄嫩，细菌容易入侵。宝宝输尿管细而长，管壁纤维发育差、容易扩张而发生尿潴留及感染。看管好宝宝不坐地、不穿开裆裤，每日换洗内裤对减少发病有一定帮助。

育儿小提醒，宝宝大健康

宝宝尿路感染后的护理

1. 注意休息，多饮水，多排尿可以排除尿道炎性分泌物

2. 搞好个人卫生，不穿开裆裤，不坐地上，勤换内裤。

3. 擦洗臀部及外阴部应从前向后擦，以免脏水流入阴道引起尿路感染。

4. 抗生素治疗一般为14～21天，不能症状刚好转就停药，这样最容易引起疾病复发。

宝宝的常见不适与疾病的预防

俗语说“疾病治疗在于七分治，三分养”，可见对人体的调养、护理在宝宝疾病的发生、发展、痊愈和恢复过程中起着相当重要的作用。正确的家庭调护可很好地配合医生的治疗，预防疾病的发生，促进疾病的痊愈。

多饮、多尿追根溯源

多饮多尿常见的原因也有两种：一是精神性多饮、多尿，二是尿崩症。

精神性多饮多尿多见于断奶不久的1～2岁宝宝，较大儿童也可发生。有些爸爸妈妈缺乏喂养宝宝的知识，在宝宝哭闹时，用糖水、饮料、牛奶、小糖、糕点等哄宝宝，糖吃多了口干、口渴，于是要喝水，水喝多了自然尿也多，时间长了形成习惯性多饮，出现多饮多尿。

精神性多饮的宝宝没有什么疾病，有意识地控制宝宝喝水量，可使尿量减少，宝宝也能耐受，没有什么严重的不良反应。

尿崩症的常见原因有两种。一是脑底部的脑垂体因为某种疾病（如脑肿瘤、颅内感染、新生儿窒息等）使抗利尿激素分泌不足。二是肾脏有疾病，对抗利尿激素不敏感，使尿量增多，出现多饮、多尿。

宝宝患中耳炎的早期发现和护理

引起宝宝急性化脓性中耳炎的原因很多，常见原因有洗澡、游泳、哭时泪水、乳汁流入耳朵内，引起化脓感染；还有患上呼吸道感冒、麻疹、耳鼓膜外伤穿孔、细菌侵入耳道进入中耳引起感染；再有就是患了败血症，细菌经血液流进中耳，引起中耳感染化脓。

宝宝患了中耳炎后，最早期表现为发热、体温高达39℃以上，宝宝烦躁不安、呕吐、精神食欲差，年长儿可诉耳痛厉害。病初期因耳道充血水肿，听力也下降，脓液流出听力也恢复正常。

育儿小提醒，宝宝大健康

宝宝患中耳炎，如何治疗和护理

1. 每天首先用3%双氧水洗耳，再用棉杆擦净水渍后，最后点滴耳油或3%林可霉素直到无脓流出为止。

2. 保持皮肤洁净，流出脓液及时擦干净，以防引起皮肤感染。

3. 保持内耳道通畅，千万不要用棉球堵塞耳道，不能将粉剂吹入耳内。

4. 不要乱挖、乱掏耳中耵聍。

宝宝的智能开发

在这一阶段，宝宝开始形成自我，并学习成为一个独立的人了，语言表达能力也在快速提高。宝宝开始有分析和综合的能力，开始有思维。

生活能力训练

快乐淘气堡

方法

1. 带宝宝去购物中心的“儿童天地”，观看小朋友们在软体玩具城“淘气堡”中的活动，激发宝宝参与的欲望。

2. 让宝宝了解玩具城的活动规则，让他理解家长不能陪同是因为这里面很安全，只有长大了敢自己玩的宝宝才可以进去，进玩具城的都是勇敢的宝宝。

3. 引导宝宝观察玩具城里小朋友的游戏情况以及他们的年龄，重点引导宝宝看和他自己年龄相仿甚至比他还小的小朋友是怎么玩的，激起宝宝尝试的信心。

4. 当宝宝刚进入玩具城进行尝试时，家长可以在城外不停地和宝宝沟通，让宝宝保持安全感，待宝宝玩得次数多了，家长可以通过暂时离开来锻炼宝宝的独处能力。

目的 在游戏的吸引下，能尝试和家人暂时分离，体验独自游戏，对自己独自游戏有信心。

注意 这个游戏适合2岁以上的宝宝进行。

空间想象力训练

说前后

方法

1. 爸爸妈妈和宝宝一起来玩游戏。妈妈站在最前面，宝宝站在中间，爸爸站在最后面。

2. 妈妈问：“宝宝，你的前面是谁？”引导宝宝回答：“是妈妈。”爸爸再问宝宝：“你的后面是谁？”引导宝宝回答：“是爸爸。”

3. 爸爸和妈妈换一下位置，再问宝宝，看宝宝能否正确回答。

目的 训练宝宝的空间方位感。

注意 为了训练宝宝的空间认知和想象能力，还可以时常改变宝宝经常走的路线。比如没有走过的街道，周围的景物全部都是新鲜的，能促进宝宝右脑的发育。

一个“成人”仪式——将要上幼儿园了

宝宝现在无所不能，走路、站立、跑步、跳跃、蹲下、滚、登高、越过障碍物等，现在的宝宝已经完全掌握了母语口语的表达，甚至有时所使用的语言比爸爸妈妈的还要精彩，丰富。

宝宝的生理特征与生长发育

本阶段宝宝的注意力逐渐转移到了周围的小朋友身上，并主动与他们建立友谊，分享玩具。3 岁之前的幼儿对自己的性别非常感兴趣，对男女之间的差别也非常好奇。

动作发育

3 岁的宝宝，自主性很强，能随意控制身体的平衡和跳跃动作。可掌握有目的地用笔、用剪刀、用筷子、杯、折纸、捏面塑等手的精细技巧。学会单脚蹦，会拍球、踢球，越障碍，走 S 线等。

语言发育

3 岁的宝宝愿意主动接近别人，并能进行一般语言交往。学会复述经历，学会较复杂的用语表达。对文学感兴趣的，喜听故事，朗读也带表情，语言流畅，能表达自己的意思，会讲故事，背诗词等，会编简单谜语。

适应性行为发育

好奇心强，喜欢提问。生活自理能力增强，会自己穿脱衣服及鞋袜。此阶段，个性表现已很突出，喜爱音乐的爱听录音机的歌曲，对画感兴趣的喜欢各种颜色。

心理发育

宝宝即将入幼儿园了。宝宝的心理发育是在新的生活条件和各种活动中向前发展的。宝宝独立行走后便能自由行动，主动接近别人，和其他儿童一起玩，接触更多事物，对幼儿期儿童的独立性、社会性和认识能力的发展均有积极作用。自我意识开始发展。宝宝开始出现高级情感萌芽，懂得一些简单的行为准则，知道“洗了手，才能吃东西”、“不可以打人，打人妈妈不喜欢”，这些行为准则也是为品德发展做准备的。

宝宝的营养

这个时期的宝宝喜欢吃偏干的食物。应根据宝宝的喜好适当调整饮食，同时还要控制饮食的量。可以适当让宝宝尝尝有些刺激的辣味，如葱、蒜及辣椒等。

忌在吃饭时训斥宝宝

有些做父母的，往往在饭前训斥或骂宝宝，弄得宝宝不是愁眉苦脸，就是抽泣号哭，殊不知这样做对宝宝害处有多大！

1 宝宝边哭边吃，饭粒、碎屑和水很容易在抽泣时跑到气管里；宝宝突然受到大人责备，由于强烈的外界刺激，使食欲可能消失，唾液分泌骤减，甚至停止。这时宝宝吃的饭不能与唾液充分混合，尤其是吃坚硬粗糙的食品时，很容易划破食道，破坏胃肠壁黏膜层，引起炎症。

2 每当就餐前，消化腺就开始分泌消化液，如果这时候突然受到大人的训斥，那么本来已出现的强烈食欲愿望和建立起来的兴奋，则会受到抑制，消化液分泌大减，引起消化不良。长此下去，形成条件反射，宝宝一上饭桌就准备挨骂，对宝宝的身心健康极为不利。

所以，这里奉劝爸爸妈妈们不要把餐桌当作教育宝宝的场所，应让宝宝轻松舒畅地吃饭。

怎样给宝宝做早餐

给宝宝做早餐不是一件容易的事，其原因是宝宝早晨刚起床时，食欲最低，再则父母早晨没有太多的时间，加之妈妈们平时的饮食习惯总是凑合着吃，不愿意花费脑筋想一想如何改善。

要想彻底改变这一现象，需要父母亲的重视，并配合以适当的营养教育完全可以做好宝宝的早餐，这里从营养上提几点建议。

1 早餐的营养素要全面。一般要有汤，如米粥、牛奶、豆浆；有主食，如面包、馒头、面条、油条等；有蛋白质丰富的食物，最方便的是鸡蛋、火腿肉；再配以适量的蔬菜等，如一个西红柿或一根黄瓜即可。

2 早餐要吃饱。主食应达到50～100克，一个鸡蛋加汤、菜基本上可以满足儿童一上午的营养需要。

丰富的早餐，可以满足宝宝一上午的营养需要。

宝宝的日常照料

幼儿对所有事物都感到新鲜，室内一切设施都应加设保护装置，如电插座需加盖，以防触电。热水瓶不应放在地上，而应置于宝宝不能接触到的地方，防止宝宝烫伤。冬季取暖，要注意室内通气，防止煤气中毒。

训练宝宝主动控制排尿、排便

在宝宝养成定时坐便盆大小便的习惯后，省去了大人的许多麻烦。但是，还应该注意训练宝宝主动控制排尿、排便。

这个年龄的宝宝，由于自主活动能力增强，对大小便的控制能力也有所提高，大人可以开始有意识地训练宝宝主动控制排尿、排便。

有时，宝宝因贪玩而憋尿或憋大便，这时家长应及时提醒宝宝排尿或大便。倘若宝宝一夜不小便，起床后应先让他（她）小便，以免宝宝憋尿的时间过长，不利于膀胱和肾脏的健康。

在训练宝宝大小便时，还要注意规范宝宝的排便行为。如不要随地大小便、不要在大庭广众之下解开裤子大小便等。发现这种情况，家长应耐心开导说服宝宝应在厕所大小便。通过大小便训练，可使宝宝对肛门、尿道刺激、皮肤接触的需求正常发展，养成良好的卫生习惯，有利于宝宝的身心健康。

夏季再热也不能让宝宝“裸睡”

宝宝的胃肠平滑肌对温度变化较为敏感，低于体温的冷刺激可使其收缩，导致平滑肌痉挛，特别是肚脐周围的腹壁又是整个腹部的薄弱之处，更容易受凉而株连小肠，引起以肚脐周围为主的肚子阵发性疼痛，并发生腹泻。

因此，无论天气多么炎热，父母也要注意宝宝的腹部保暖，给宝宝盖一层较薄的衣被，并及时将宝宝踢掉的衣被盖好。

为了宝宝的健康，妈妈应注意避免宝宝“裸睡”。

宝宝的常见不适与疾病的预防

在疾病过程中，通过家庭的适当调护，如饮食、着衣、护理、调理等，使疾病痊愈。如小儿哮喘的患者，平时应加强锻炼，增强体质，遇寒时及时添加衣服，出汗时注意更换衣服，不要吹风，不接触花粉、动物毛发、油漆等致敏源，以有效地防止哮喘的发作。

宝宝多发性抽动综合征的早期发现

有些儿童表现有反复发作的眨眼、点头、皱鼻子等不自主的稀奇古怪的动作，此种情况称为多发性抽动综合征，有些儿童同时还不自主地发出异常的声音，医学上称此为抽动—秽语综合征。儿童在发育过程中，可能出现支配肌肉运动的脑的某一部分兴奋性过高，因而引起一组或几组肌肉突然兴奋收缩，引起突发、短暂、快速、重复的抽动，于是出现一系列稀奇古怪的动作。如果喉部肌肉抽动，便会引起异常的发声。主要有以下表现：

1 不自主抽动。往往从面、颈部开始，以眨眼最多见，其他有斜眼、扬眉、努嘴、歪嘴、舐舌、咬唇、嗅鼻、摇头、点头等；可发展到四肢，有耸肩、缩颈、扭颈、握拳伸指、举臂指划、踢腿跺脚、蹦跳；胸腹部可有挺胸、扭腰、撅屁股；也可有全身旋转扭动等不自主运动。上述运动经常变化，情绪紧张时加剧，精神集中时减少，睡眠时消失。可以反反复复，持续很长时间。

2 不自主发声。表现为清喉声、喉鸣声、吼叫声、哈气声等，可以转变为固定的咒骂或污秽词语。

3 异常感觉。约一半宝宝有异常感觉，如眼干涩、咽喉部痒、颈部压迫、肌肉酸胀、关节内跳动等，抽动后自觉轻松舒服。

4 多动，注意力不集中。多数宝宝早期只有眨眼等头面部症状，常被认为是眼睛的异常，如结膜炎等。有时被误诊为癫痫、精神分裂症等。

夏季谨防细菌性食物中毒

细菌性食物中毒是人们吃了含细菌或细菌毒素的食品引起的。到了夏季，天气炎热，食物容易变质，若吃得不卫生很容易发生中毒。杜绝中毒重在预防。

1 注意食品卫生，夏季食品最好放在冷藏冰箱内，一般熟食冷藏不超过24小时。肉类烹调前不要切得过大。禽蛋煮沸要在8分钟以上。剩菜剩饭和在外购买的熟食品，一定要回锅蒸煮后方可食用，发馊、发酸的食品绝不能食用。

2 处理食品时使用的刀具、器皿、抹布、砧板是细菌容易滋生的场所，要保持清洁，并应准备两套不同的刀具和砧板，生熟食品处理要分开，以免交叉污染；消灭蚊蝇、蟑螂、老鼠等传染媒介。

宝宝的智能开发

快到3岁的宝宝开始有分析和综合的能力，开始有思维，能按照物品的用途将其分类。宝宝能说长句了，一口气说5～10个字，有清楚的表达能力。宝宝有一定的记忆力了，可以开始为入幼儿园进行系统的学习了。

社交能力训练

扮家家

方法

1. 设计好故事情节，如招待客人、看医生等，爸爸妈妈和宝宝一起来做扮家家的游戏，并鼓励宝宝为爸爸妈妈、布娃娃和他自己分配角色。

2. 爸爸妈妈要充当隐形的导演，讲述生活中的故事，并不断提示宝宝，该做什么，但要让宝宝觉得是他在指挥你做。

目的 培养宝宝的交往能力和创意能力。

注意 宝宝进入游戏后，往往会将假想与现实混淆，特别是把游戏中的玩具当食物时，常常会把玩具当成是真的食物放入口中嚼一下，妈妈要注意提醒宝宝。

大树下，扮家家，
小客人，都来啦！
我家就在大树下，
煮饭没米用泥沙，
炒菜书呀一大把。
吃吃喝喝说笑话，
大家一起笑哈哈！

语言能力训练

绕口令练习

方法 绕口令是一门特殊的语言艺术，它的每一句口令中的字音都很相似，极易混淆。要念得又快又好，必须要求宝宝思维反应速度快、记忆力好，而且口齿伶俐。

这个阶段的宝宝练习的绕口令以简单、易学易记为宜，就如下面的两个：

四和十

十是十，四是四，
十四是十四，四十是四十，
不要把十四念成四十，
也不要把四十念成十四，
要想念清十和四，
经常练习十和四。

化肥会挥发

化肥会挥发，
灰化肥会发黑，
黑化肥会发灰，
灰化肥挥发会发黑，
黑化肥挥发会发灰。

目的 经常说绕口令，能够提高宝宝的语言表达能力，使他们的思维更加敏捷，对宝宝的语言能力发展有着极大的促进作用，也会为将来锻炼宝宝的口才奠定良好的基础。此外，练习绕口令还能增强宝宝的记忆力和培养宝宝的反应能力。

注意 在让宝宝练习绕口令的时候，要注意以下几个问题：

1. 首先，宝宝要做到吐字清晰、发音准确。绕口令是一种非常有趣的语言游戏，但也是一项非常复杂的语言活动，很多字音相同，稍一失误，就会出现差错，因此在陪宝宝练习绕口令时，父母的示范音就应当准确。

2. 父母不能操之过急，应循序渐进，在刚开始教宝宝绕口令时，速度一定要慢，保证宝宝读出的每一个字音都准确无误，然后再逐渐加快练习的速度。

小测试

你的宝宝有哪些天赋

1. 善于记忆诗歌和富有情趣的电视中的台词。
2. 很少迷路——尤其是女孩。
3. 能注意到别人情绪的各种变化。
4. 经常问像“这件事是什么时候开始的”之类的话。
5. 动作协调优雅。
6. 能很好地按调子唱歌。
7. 经常问雷鸣、闪电、下雨等宇宙间的问题。
8. 你改用了讲述故事时常用的一个词时，他会纠正你。
9. 学习系鞋带、穿袜子、骑自行车很快，且不费力。
10. 喜欢扮演角色、编故事，且演得、编得蛮像样。
11. 乘车的时候会说，“去年冬天奶奶带我来过这地方”。
12. 爱听不同的乐器演奏，并能根据音色讲出乐器名称。
13. 擅长画地图、绘物体。
14. 善于模仿各种表情和各种体育动作。
15. 按规格、颜色收藏玩具。
16. 善于表达做某件事的感受，如“这样做我很高兴”。
17. 很会讲故事。
18. 喜欢评论各种声音。
19. 与某生人见面时会说出：“他使我想起了小明爸爸的样子”之类的话。
20. 能准确地说出他能干什么，不能干什么。

如果你的宝宝表现出如上情形的话，他可能已显露出出色的能力和才华。反映其能力和才华的具体对应如下：

语言能力——1、8、17；

音乐能力——6、12、18；

逻辑数学能力——4、7、15；

空间想象能力——2、11、13；

身体运动能力——5、9、14；

了解自己的能力——10、16、20；

了解他人的能力——3、10、19。